高等职业教育电子与信息大类"十四五"规划教材

Java Web
程序设计项目化教程

主　编　任　侠　刘　庆　曾　鸣

副主编　李芙蓉　田亚慧　林　青　王　军

华中科技大学出版社
http://www.hustp.com
中国·武汉

内容简介

本书以"行动导向"的课改理念为引领,以行业调研分析为基础,将三个行业通用项目分解为 9 个典型项目按照任务驱动的方式呈现给读者。本书围绕网上商城这一主线,遵循 Java Web 程序的设计流程,由易到难引导读者全面系统地掌握 Java Web 程序设计的基本技能。其中,重点介绍动态网站开发过程、访问数据库(商品信息查询)、导入 JavaBean(购物车搭建)、操作文件(公告管理)、Servlet 探析(用户授权验证与监听器实现)等知识,将 Web 应用开发的技术理论合理分解到项目任务中,每个任务按照"任务导入→任务实施→知识链接→思考练习→拓展任务"的顺序引领读者在实践操作过程中学习和掌握 Web 应用开发技能。

本书体现项目任务教学思想,逐步推进专业知识讲解、职业技能训练、综合能力提高,融"教、学、练"于一体。希望读者通过反复的实践训练能获得 Java Web 程序设计必备的知识和技能,包括开发工具的使用、JSP 动态编程技术、JDBC 数据库编程技术、Servlet 编程技术、JavaScript 编程技术、MVC 架构、软件工程思想等。

本书可作为高职高专计算机应用技术、软件技术、计算机网络技术、计算机信息管理、电子商务等相关专业的教材,也可作为 Java Web 程序设计人员的参考用书。

图书在版编目(CIP)数据

Java Web 程序设计项目化教程/任侠,刘庆,曾鸣主编. —武汉:华中科技大学出版社,2020.12
ISBN 978-7-5680-5855-1

Ⅰ.①J… Ⅱ.①任… ②刘… ③曾… Ⅲ.①JAVA 语言-程序设计-教材 Ⅳ.①TP312.8

中国版本图书馆 CIP 数据核字(2021)第 001512 号

Java Web **程序设计项目化教程**   任侠 刘庆 曾鸣 主编
Java Web Chengxu Sheji Xiangmuhua Jiaocheng

策划编辑:康 序
责任编辑:郭星星
封面设计:抱 子
责任监印:朱 玢
出版发行:华中科技大学出版社(中国·武汉)   电话:(027)81321913
          武汉市东湖新技术开发区华工科技园   邮编:430223
录   排:武汉三月禾文化传播有限公司
印   刷:武汉科源印刷设计有限公司
开   本:787mm×1092mm 1/16
印   张:13
字   数:333 千字
版   次:2020 年 12 月第 1 版第 1 次印刷
定   价:48.00 元

前言

PREFACE

Web 应用技术随着计算机、网络技术的高速发展得到了快速提升和全面普及,掌握 Web 开发技术是每一位 IT 从业者的必备技能。本书是编者在总结多年应用开发实践、实际教学经验和课堂教学改革的基础上编写的。全书完整再现了基于 MVC 设计模式的 Java Web 应用系统的基本开发流程,以一个完整的网上商城作为案例,参考统一软件开发方法,循序渐进地培养学生的 JSP 语言编码能力和 Web 应用项目的开发能力。

本书以"基于典型工作任务的课程开发"为原则,在工学结合的基础上,根据高职高专教育的特点,以能力为本位,以典型工作任务为驱动,构建螺旋推进式情境教学的课程体系来组织课程的教学内容,完成对包括 Web 应用开发环境搭建、创建 Web 项目、静态网站制作、动态 JSP 对象添加、动态网站开发过程、访问数据库、导入 JavaBean、操作文件、Servlet 探析等内容的学习,熟练使用 Java Web 进行网络应用系统开发。本书每个项目的学习都是围绕职业能力的形成来组织课程内容,以真实项目为核心整合 Web 程序员所需的知识、技能和态度,实现理论和实践的完美统一。在实践中创设职业情境,本书内容围绕软件企业、软件行业中的实际项目展开,学生通过各个环节的技能训练,感受职业环境,实现编程技能的逐步提升。

本书具有以下特点。

(1) 使用"基于典型工作任务的课程开发"教学方法,将 JSP 知识的学习贯穿到网站建设的过程中。

(2) 实例教学,每部分都完成一个相应的网站实例,由易到难,涵盖所学部分的所有基础知识。

(3) 为了拓展思维和深入实践,每个项目都配有思考练习和拓展任务,既可以巩固所学的知识要点,又可以让学有余力的学生更深入了解和探索 Java Web 程序设计方法。

本书由衢州职业技术学院任侠、江西应用工程职业学院刘庆、江西应用工程职业学院曾鸣担任主编,由武汉城市职业学院李芙蓉、河北建材职业技术学院田亚慧、西安培华学院林青、南京江宁高等职业技术学校王军担任副主编。全书由任侠审核并统稿。

本书的出版得到了"校企合作开发课程'Web 应用开发'项目"的支持。

由于编者水平所限，书中难免有不足之处，敬请使用本书的师生与读者批评指正，以便修订时改进。

为了方便教学，本书还配有电子课件等教学资源包，任课教师和学生可以登录"我们爱读书"网（www.ibook4us.com）浏览，任课教师还可以发邮件至 hustpeiit@163.com 索取。

编 者

2021 年 2 月

目录

CONTENTS

Web 应用开发项目 (JSP)

模块 1

动态网站开发基础

　　用户注册登录系统既可以是一个小型独立的 Web 应用开发项目,又可以是大型 Web 应用开发项目常备的一个功能模块,更是网上商城系统不可或缺的保障服务体系。用户注册,可以帮助 Web 应用管理者收集更多的访客信息;同时,许多网站也都提供了登录的快捷方式,以方便会员用户快速地享受精品服务。本模块以"第一个 Java Web 网站的创建"为工作任务,学习以下相关知识。

- 了解动态网站的开发过程。
- 了解 Java Web 动态网站开发技术。
- 搭建 Java Web 开发与运行环境。

项目 1 Web 应用开发环境搭建

"工欲善其事,必先利其器。"学习 Web 应用系统的开发,首先应掌握开发工具的选取与开发环境的搭建等,具体介绍如下。

(1)选取开发工具。JDK+Tomcat 支持手动配置 Web 应用,手动配置虽说可以更深入地理解 Web 应用的分布,但是一般的编辑器没有语法错误提示,所以开发起来对于错误的寻找不太容易,效率相对较低。因而在理解清楚 Web 项目的结构之后,Eclipse 作为著名的跨平台的自由集成开发环境是很多 Java Web 开发者的首选。

(2)搭建开发环境。开发环境搭建成功后,要对整个开发环境进行测试,可以编写一个简单的 Java Web 小项目并将其发布到 Tomcat 应用服务器上运行来进行测试。

任务 1　安装软件

◆ 任务导入

小李刚刚大学毕业,应聘到一家软件开发公司工作。公司将他安排在 A 项目组,该项目组刚刚接到一个网上商城的 Web 应用开发任务。项目经理要求小李选择开发工具完成项目开发的环境搭建。小李回忆自己上课时老师推荐的环境搭建流程并上网查阅了相关资料,了解到当前技术开发人员广泛选取的是 Web 应用开发工具,最后做了以下工作:

- JDK 1.8 的安装、设置及测试。
- Tomcat 8.0 应用服务器的安装、设置及测试。
- Eclipse 企业级集成开发环境的搭建。

在软件安装调试好后,他在 Tomcat 环境中测试自己的第一个只有一个页面的网站,最终结果如图 1-1 所示。

图 1-1　测试网页

◆ 任务实施

1. 安装 JDK

在安装 JDK 之前需下载 JDK 的安装程序,可以到 Oracle 公司的官方网站下载与硬件环境匹配的 JDK 安装文件。下载完成后双击安装程序,弹出安装程序界面。单击【接受】按钮,在弹出的自定义安装界面对话框中选择 JDK 的安装路径(默认为 C 盘),点击【下一步】直到出现【完成】按钮,点击【完成】按钮就完成了 JDK 安装。

JDK 开发工具安装成功后,便要对 JDK 进行环境变量的设置。环境变量其实就是由路径和文件名组成的字符串,系统可以通过环境变量提供的路径控制程序的行为。所以,对 JDK 进行环境变量的设置,可以让系统在 DOS 控制台上对 .java 程序进行编译,生成 .class 文件。选择【开始】,右击【计算机】,在弹出的快捷菜单中选择【属性】,弹出如图 1-2 所示对话框,单击【高级系统设置】,弹出如图 1-3 所示对话框,单击【环境变量】按钮。

图 1-2　高级系统设置　　　　　　图 1-3　环境变量设置

在弹出的【环境变量】对话框中选择【新建】按钮,弹出【新建系统变量】对话框,在这里需要设置 3 个变量,它们分别是 JAVA_HOME、CLASSPATH 和 Path,如图 1-4 所示。下面以 JAVA_HOME 变量为例,详细描述其设置过程,其余变量设置过程与此相同,不再重复。

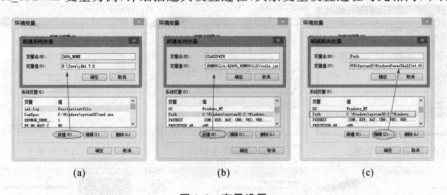

(a)　　　　　　　　(b)　　　　　　　　(c)

图 1-4　变量设置

● JAVA_HOME:在【变量名】文本框中键入 JAVA_HOME,在【变量值】文本框中键入 JDK 的安装目录。

● CLASSPATH:一个路径列表,用于搜索 Java 编译或者运行时需要用到的类。在设置 JDK 的 CLASSPATH 时会包含一个 jre\lib\rt.jar,Java 查找类时会把这个 .jar 文件当成一个目录来进行查找。

● Path:当执行一个可执行文件时,如果该文件不能在当前路径下找到,则会到 Path 中依次寻找每一个路径;如果在 Path 中也没有找到,就会报错。选择【Path】变量,单击【编辑】按钮,将弹出【编辑系统变量】对话框,如图 1-4(c)所示,可在其中添加 JDK 的 bin 路径。

　　环境变量设置完成后,接下来便执行搭建 JDK 开发环境的最后一步,即对 JDK 环境进行测试,验证 JDK 环境是否搭建成功。JDK 的测试可以在 DOS 命令控制台中完成。

　　在 Windows 桌面上选择【开始】→【运行】命令,在弹出的【运行】对话框中输入"cmd",单击【确定】按钮,进入 DOS 命令控制台,输入"java-version",按 Enter 键,如果界面中出现 JDK 的版本信息,则表示 JDK 环境搭建成功。

2. 安装 Tomcat

　　首先从官方网站 http://tomcat.apache.org/上下载 Tomcat 8.0 安装文件(见图 1-5),双击安装,具体步骤如图 1-6 所示。

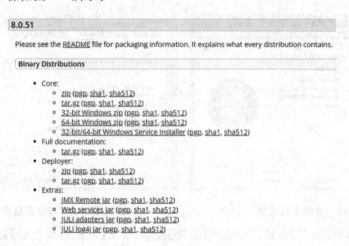

图 1-5　下载文件说明

  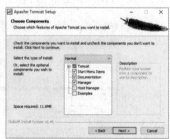

(a) 点击Next开始安装　　　　(b) 点击同意协议　　　　(c) 默认安装

(d) 端口号默认　　　　(e) 设置安装路径　　　　(f) 完成安装

图 1-6　Tomcat 安装步骤

　　Tomcat 的环境变量设置和 JDK 的环境变量设置相同,作用也是相同的,只是设置的变量名称不同。

TOMCAT_HOME:在【变量名】文本框中键入 TOMCAT_HOME,在【变量值】文本框中键入 Tomcat 的安装目录。配置 CATALINA_HOME 和 CATALINA_BASE 的方法与配置 TOMCAT_HOME 的方法相同。

Tomcat 安装并配置好环境变量后,启动 Tomcat 服务器,可以在浏览器中输入 http://localhost:8080 或者 http://127.0.0.1:8080 访问 Tomcat 服务器。如果浏览器中的显示界面如图 1-7 所示,则说明 Tomcat 服务器安装成功了。

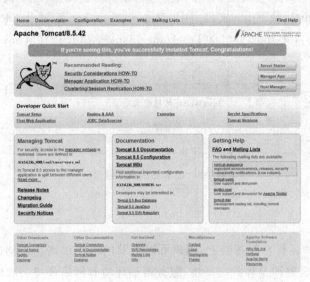

图 1-7   Tomcat 主页

3. 发布 Web 应用程序

在 Tomcat 服务器上运行 Java Web 应用程序的主要步骤如下:

(1) 创建 Tomcat 工作区。首先在 Tomcat 的安装目录下的 webapps 文件夹中新建一个文件夹,命名为 Test。Test 文件夹便是在 Tomcat 下创建的工作区。

(2) 创建目录 WEB-INF。在 Test 文件夹下,新建一个文件夹,并命名为 WEB-INF。

(3) 在文件夹 WEB-INF 中创建一个文件 web.xml。具体代码如下。

```
<?xml version="1.0" encoding="ISO-8859-1"?>
<!DOCTYPE web-app
PUBLIC "-// Sun Microsystems, Inc.// DTD Web Application 2.3// EN"
"http:// java.sun.com/dtd/web-app_2_3.dtd">
<web-app>
    <display-name> My First Java Web</display-name>
    <description> A Java Web application for test.</description>
</web-app>
```

(4) 编写 JSP 程序 index.jsp,然后将其保存到 Test 中。JSP 程序的具体代码如下。

```
<%@page contentType="text/html;charset=gb2312" language="java"%>
<!DOCTYPE HTML PUBLIC "-// W3C// DTD HTML 4.0 Transitional// EN">
<html>
  <head>
    <title> Java Web环境搭建成功了</title>
  </head>
```

```
    <body>
     <center>
       <font style="font-size:30;color:red"> Java Web 环境搭建成功了<br> 启航吧！
   </font>
     </center>
   </body>
  </html>
```

（5）进入 Tomcat 目录下 bin 文件夹中，双击 startup. bat，启动 Tomcat。

（6）访问 http://localhost:8080/Test/index. jsp，查看 JSP 在 Tomcat 上的运行结果，
如图 1-8 所示。

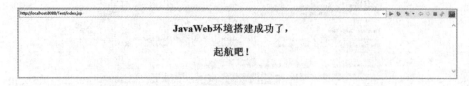

图 1-8 任务完成结果展示

◆ **知识链接**

Web 应用是一种运行在服务器上，用户可以借助网络使用浏览器访问的应用程序。因
而 Web 应用的运行需要涉及客户端环境、服务器端环境和网络环境。Web 应用访问原理如
图 1-9 所示。

1. 客户端环境

Web 应用的用户通常分布在不同的地方，都是借助浏览器访问 Web 应用程序的。浏览
器的主要功能如下：

● 用户可以通过在浏览器的地址栏中输入地址向服务器发送请求。

● 建立与服务器的连接，接收从服务器传递回来的信息。

● 把用户在客户端输入的信息提交到服务器。

● 解析并显示从服务器返回的内容。

2. 服务器端环境

服务器用于接收客户端发送的请求，根据请求选择服务器上的资源对用户响应。服务
器通常包括两部分：一部分主要用于客户端交互，接收用户请求信息并生成网页对用户响
应，通常称为 Web 服务器，比较常用的是微软的 IIS 服务器和 Apache 基金会的 Apache 服
务器；另一部分是管理服务器上的 Web 应用程序，被称为应用服务器，对于不同语言编写的
Web 应用而言，应用服务器是不同的。

Web 服务器是指驻留于 Internet 上某种类型计算机的程序，是可以向发出请求的浏览
器提供文档的程序。当 Web 浏览器（客户端）连到服务器上并请求文件时，服务器将处理该
请求并将文件反馈到该浏览器上，附带的信息会告诉浏览器如何查看该文件（即文件类型）。
Web 服务器工作原理如图 1-10 所示。

服务器是一种被动程序，只有当用户在 Internet 上向运行在其他计算机中的浏览器发
出请求时，服务器才会响应。服务器响应流程如图 1-11 所示。

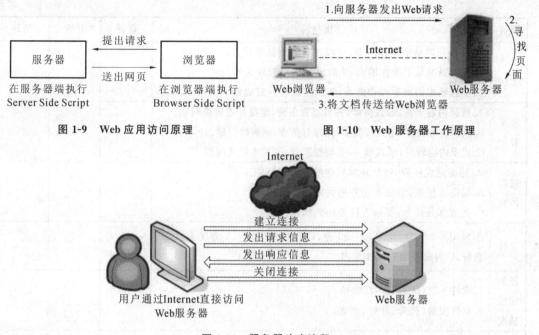

图 1-9 Web 应用访问原理   图 1-10 Web 服务器工作原理

图 1-11 服务器响应流程

3.网络环境

通常情况下,客户端和服务器通过网络连接,但在学习过程中大多使用一台计算机来开发和运行,这台计算机仅在逻辑上分为客户端和服务器,此时不需要网络。

 **思考练习**

1.动态网页和静态网页的区别。

2.Web 应用开发可选择哪些技术?这些技术各自有哪些特点?

 拓展任务

1.熟悉 JDK 的使用。

2.熟悉 Tomcat 的使用。

任务评价卡

任务编号	01-01	任务名称	安装环境搭建		
任务完成方式	□小组协作　□个人独立完成				
项目	等级指标		自评	互评	师评
资料搜集	A.能通过多种渠道搜集资料,掌握技术应用、特性。				
	B.能搜集部分资料,了解技术应用、特性。				
	C.搜集渠道单一,资料较少,对技术应用、特性不熟悉				

项目	等级指标	自评	互评	师评
操作实践	A.有很强的动手操作能力,实践方法取得显著成效。 B.有较强的动手操作能力,实践方法取得较好成效。 C.掌握基本的动手操作能力,实践方法有一定成效			
成果展示	A.成果内容丰富,形式多样,并且很有条理,能很好地解决问题。 B.成果内容较多,形式较简单,比较有条理,能解决问题。 C.成果内容较少,形式单一,条理性不强,能基本解决问题			
过程体验	A.熟练完成任务,理解并掌握本任务知识技能。 B.能完成任务,掌握本任务相关知识技能。 C.完成部分任务,了解本任务相关知识技能			
合计	A 为 86~100 分,B 为 77~85 分,C 为 0~70 分。A 为优秀,B 为良好,C 为尚需加强操作练习			
任务完成情况	1.软件下载(优秀、良好、合格)。 2.软件安装(优秀、良好、合格)			
存在的主要问题:				

任务2 配置 JSP 开发环境

在 Java Web 运行过程中,Web 服务器对 JSP 代码进行了以下三个操作。

● 代码转化:用 JSP 引擎把 JSP 代码、相关组件、Java 脚本和 HTML 代码转化成 Servlet 代码。

● 编译:用 Java 编译器对 Servlet 代码进行编译。

● 执行编译文件:用 Java 虚拟机执行编译文件,Java 虚拟机将结果返回给 Web 服务器,并最终返回给用户端。

由此可见,Java Web 的执行必须同时具备三个条件:JSP 引擎、Java 编译器和 Java 虚拟机。在任务 1 中我们虽然完成了相关软件的安装,但它们还不能很好地协同工作。通过任务 2 的学习,我们就可以更加深入理解 Java Web 工程的运行。

◆ 任务导入

小李在完成项目开发的环境搭建之后,项目经理要求小李自己熟悉开发环境的 Web 应用开发部署。小李回忆上课时老师讲解应用部署流程并上网查阅了当前技术开发人员广泛的处理方式,最后选择从 Tomcat 入手,再到 Eclipse 集成开发环境的使用。

◆ 任务实施

1. Tomcat 的目录结构

Tomcat 文件目录中的各个文件夹中存放着不同类型的文件,用户可以根据表 1-1 来了解 Tomcat 文件类型。

表 1-1　Tomcat 文件类型

目录名	简介
bin	存放启动和关闭 Tomcat 脚本
conf	包含不同的配置文件，如 server.xml(Tomcat 的主要配置文件)和 web.xml
work	存放 JSP 编译后产生的 class 文件
webapps	存放应用程序示例；当发布 Web 应用时，默认把 Web 应用文件存放于此目录下
logs	存放日志文件
server/lib	存放 Tomcat 服务器所需的各种 JAT 文件(只能被 Tomcat 服务器访问)
common/lib	存放 Tomcat 服务器及所有 Web 应用都可以访问的 JAR 文件
shared/lib	存放所有 Web 应用都可以访问的 JAR 文件

2. Tomcat 服务器的 Web 服务器的目录管理

Java Web 应用由一组静态 HTML 页、Servlet、JSP 和其他相关的 class 文件组成。每种组件在 Web 应用中都有固定的存放目录。Web 应用的配置信息存放在 web.xml 文件中。在发布某些组件(如 Servlet)时，必须在 web.xml 文件中添加相应的配置信息。

(1) Web 应用的目录结构。按照 Tomcat 的规范，Web 应用具有固定的目录结构。假定开发一个名为 test 的 Web 应用，创建的目录结构见表 1-2。

表 1-2　Java Web 的一般目录结构

目录	简介
/test	Web 应用的根目录，存放于 webapps 下
/test/WEB-INF	存放 Web 应用的发布描述文件 web.xml
/test/WEB-INF/classes	存放各种 class 文件，Servlet 文件也放于此目录下
/test/WEB-INF/lib	存放 Web 应用所需的 JAR 文件

由表 1-2 可知，classes 和 lib 下都可以存放 Java 类文件，在运行过程中，Tomcat 的类装载器先装载 classes 目录下的类，再装载 lib 目录下的类。

(2) /test，其页面内容等文件存放于 Web 应用根目录下。*.html 和 *.jsp 等可以有许多目录层次，具体由用户的网站结构而定，目录层次实现的功能应该是网站的界面，也就是用户主要的可见部分。除了 HTML 文件、JSP 文件外，/test 中还有 js(JavaScript)文件和 css(样式表)文件以及其他多媒体文件等。

(3) /test/WEB-INF/web.xml，这是一个 Web 应用程序的描述文件。这个文件是一个 XML 文件，描述了 Servlet 和这个 Web 应用程序的其他组件信息，此外还包括一些初始化信息和安全约束条件等。

Tomcat 以面向对象的方式运行，它可以在运行时动态加载配置文件中定义的对象结构，这类似于 Apache 的 HTTPD 模块的调用方式。server.xml 中定义的每个主元素都会被创建为对象，并以某特定的层次结构将这些对象组织在一起。

(4) /test/WEB-INF/classes，这个目录及其子目录应该包括这个 Web 应用程序的所有

JavaBean 及 Servlet 等编译好的 Java 类文件(∗.class),以及没有被压缩打入 JAR 包的其他 class 文件和相关资源。注意,在这个目录下的 Java 类应该按照其所属的包层次组织目录(即如果该 ∗.class 文件具有包的定义,则该 ∗.class 文件应该在.\WEB-INF\classes\包名下)。

(5) /test / WEB-INF /lib,这个目录下包含了所有压缩到 JAR 文件中的类文件和相关文件。比如,第三方提供的 Java 库文件、JDBC 驱动程序等。

3. Eclipse 安装和部署

Eclipse 的功能非常强大,支持也十分广泛,尤其是对各种开源产品的支持十分不错。Eclipse 目前支持 Java Servlet,AJAX,JSP,JSF,Struts,Spring,Hibernate,EJB3,JDBC 数据库链接工具等多项功能,可以说几乎囊括了目前所有主流开源产品的专属开发工具。下载 Eclipse 安装文件并双击运行,如图 1-12 所示。

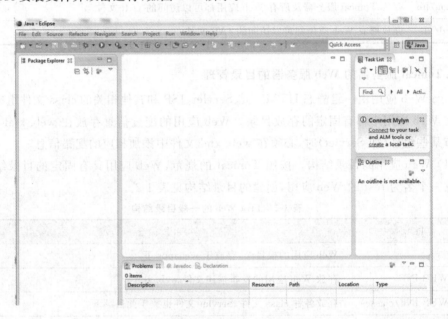

图 1-12 Eclipse 安装

Eclipse 安装向导将引导我们完成软件安装,完成后需要配置 Tomcat 到 Eclipse 中,以便展开后续开发工作。首先打开 Eclipse 菜单,单击属性 Preferences,弹出如图 1-13 所示对话框。

单击 Add 按钮,在弹出的对话框中添加 Apache Tomcat v7.0,如图 1-14 所示。

图 1-13 选择属性配置

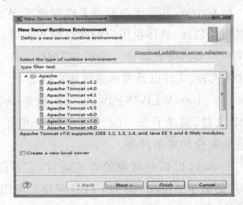

图 1-14 添加 Tomcat v7.0

单击 Next 按钮,选择 Tomcat 路径,如图 1-15 所示。

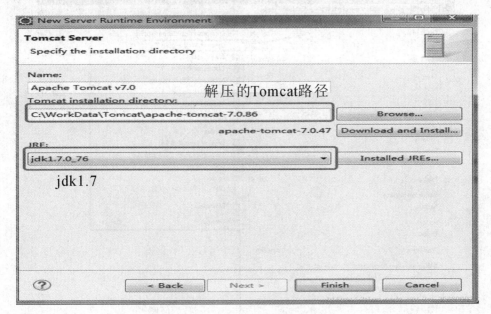

图 1-15 选择 Tomcat 路径

最后单击 Finish 按钮,配置就完成了,如图 1-16 所示。

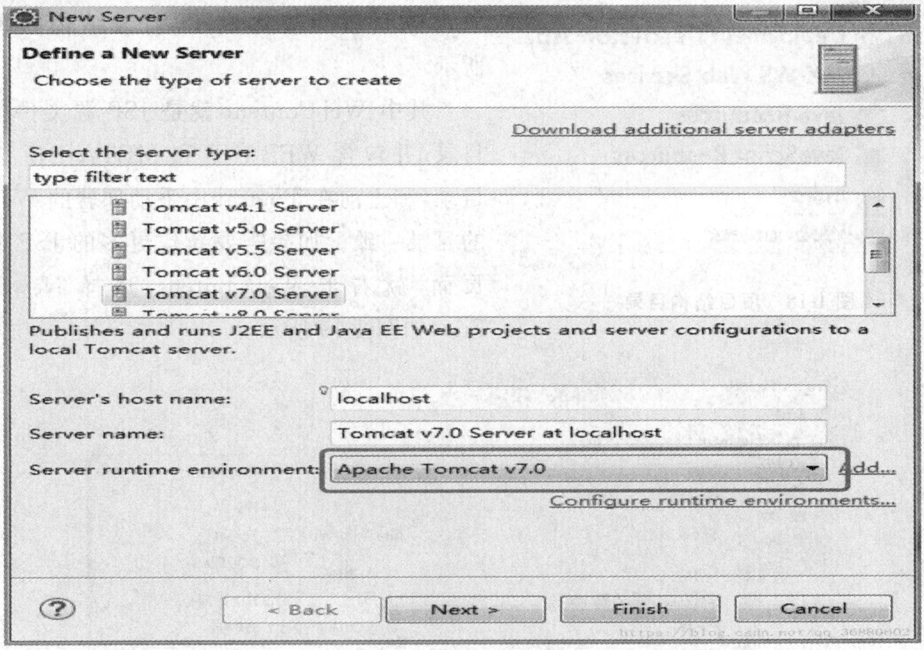

图 1-16 配置完成

4. Eclipse 开发 Java Web 项目

首先打开 Eclipse 集成开发环境,选择 File→New→Dynamic Web Project,新建动态网站项目,如图 1-17 所示。

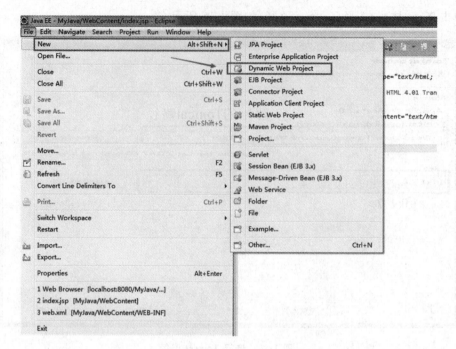

图 1-17　新建项目

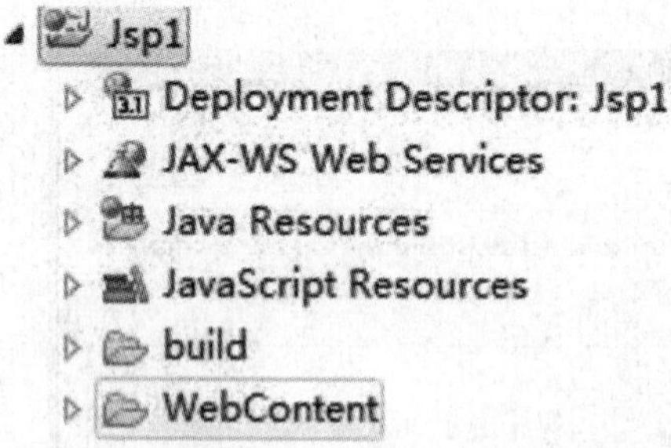

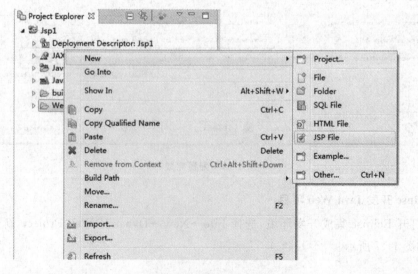

图 1-18　项目结构目录

在弹出的对话框中填写项目名称,一个 Web 项目就建立完成了,目录结构如图 1-18 所示。

其中 WebContent 就是 JSP 源文件的存放目录,并包含 WEB-INF 和 META-INF 两个子目录,和之前在 Tomcat 中手动部署的 Web 应用的目录一致。如果需要新建更多的 JSP 源文件页面,就右击 WebContent,选择 New → JSP File,如图 1-19 所示。

图 1-19　新建 JSP 源文件

在弹出的对话框中键入 JSP 的文件名,然后单击 Finish 按钮就完成了 JSP 源文件的新建。此时我们的一个简单的 Web 应用就算建立完成了,这时可以单击上方的"运行"按钮运行应用,也可以右击代码编辑器,在弹出的菜单中选择 Run As→Run on Server 运行程序。

◆ 知识链接

Web 应用程序指供浏览器访问的程序,通常也简称为 Web 应用。例如有 *a*.html、*b*.html……多个 Web 资源,这多个 Web 资源用于对外提供服务,此时应把这多个 Web 资源放在一个目录中,以组成一个 Web 应用(或 Web 应用程序)。

一个 Web 应用由多个静态 Web 资源和动态 Web 资源组成,如.html、.css、.js 文件,JSP 文件,Java 程序,支持 jar 包,配置文件等。

Web 应用开发好后,若想供外界访问,需要把 Web 应用所在目录交给 Web 服务器管理,这个过程称为虚拟目录的映射。

1. Web 开发的相关知识

在英语中 Web 是网页的意思,用于表示 Internet 主机上供外界访问的资源。Internet 上供外界访问的 Web 资源分为静态 Web 资源和动态 Web 资源。

● 静态 Web 资源(如 HTML 页面):Web 页面中供人们浏览的数据始终是不变的。

● 动态 Web 资源:Web 页面中供人们浏览的数据是由程序产生的,不同时间点访问 Web 页面看到的内容是不相同的。

静态 Web 资源的开发技术是 HTML。

＊.htm、＊.html 是网页的后缀,如果现在在一个服务器上直接读取这些内容,那么就意味着把这些网页的内容通过网络服务器展现给用户。

在静态 Web 程序中,客户端使用 Web 浏览器(IE、FireFox 等)经过网络(Network)连接到服务器上,使用 HTTP 协议发起一个请求(Request),告诉服务器现在需要得到哪个页面,所有的请求交给 Web 服务器,之后 Web 服务器根据用户的需要,从文件系统(存放了所有静态页面的磁盘)取出内容。之后通过 Web 服务器返回给客户端,客户端接收到内容之后经过浏览器渲染解析,得到显示的效果。

静态 Web 中存在以下几个缺点:

(1) Web 页面中的内容无法动态更新,所有的用户每时每刻看见的内容和最终效果都是一样的。

为了可以让静态 Web 界面更加好看,可以加入 JavaScript 以完成一些页面上的特效,但是这些特效都是在客户端上借助于浏览器展现给用户的,所以服务器上内容本身并没有任何的变化。

实现静态 Web 客户端动态效果的手段有 JavaScript、VBScript,在实际的开发中 JavaScript 使用得最多。

(2) 静态 Web 无法连接数据库,无法实现和用户的交互。

使用数据库保存数据是现在大多数系统的选择,因为在数据库中可以方便地管理数据,增、删、改、查操作可以使用标准的 SQL 语句完成。

2. Web 应用程序

常用动态 Web 资源开发技术有 JSP/Servlet、ASP、PHP 等。在 Java 中,动态 Web 资源

开发技术统称为 Java Web。

所谓的"动态"不是指页面会动,而是"Web 页面的展示效果因时因人而变",而且动态 Web 具有交互性,Web 页面的内容可以动态更新。

动态 Web 中,程序依然使用客户端和服务器,客户端依然使用浏览器(IE、FireFox 等), 通过网络(Network)连接到服务器上,使用 HTTP 协议发起请求(Request),现在的所有请求都先经过一个 Web Server Plugin(服务器插件)来处理,此插件用于区分请求的是静态资源还是动态资源。

如果 Web Server Plugin 发现客户端请求的是静态资源(* . htm 或者 * . html),则将请求直接转交给 Web 服务器,之后 Web 服务器从文件系统中取出内容,将内容发送回客户端浏览器进行解析执行。

如果 Web Server Plugin 发现客户端请求的是动态资源(* . jsp、 * . asp、 * . aspx、 * .php),则先将请求转交给 Web Container(Web 容器),在 Web Container 中连接数据库, 从数据库中取出数据,动态拼凑页面的展示内容,然后把所有的展示内容交给 Web 服务器, 最后通过 Web 服务器将内容发送回客户端浏览器进行解析执行。

现在实现动态 Web 的手段非常多,较为常见的有以下几种:

- Microsoft ASP、ASP. NET;
- PHP;
- Java Servlet/JSP。

3. Web 发展史

Web 发展经历了两个阶段:静态(见图 1-20)、动态(见图 1-21)。

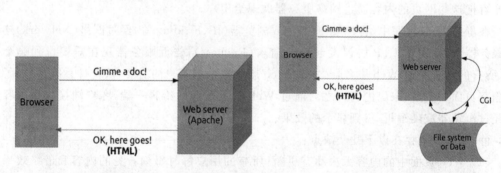

图 1-20   浏览器与服务器静态通信   图 1-21   浏览器与服务器动态通信

开始,Web 开发比较简单,开发者经常会去操作 Web 服务器,会写一些 HTML 页面并将其放到服务器指定的文件夹(/www)下。这些 HTML 页面,就在浏览器请求页面时使用。

这时只能获取到静态内容,倘若想让访问者看到有多少其他访问者访问了这个网站, 或者想让访问者去填写一个包含姓名和邮件地址的表单,就无能为力了。于是就转向了 CGI 和 Perl 脚本,在 Web 服务器端运行一段短小的代码,并能与文件系统或者数据库进行交互。

当时组织 CGI、Perl 这样的脚本代码太混乱了。CGI 伸缩性不是太好(经常为每个请求分配一个新的进程),也不太安全(直接使用文件系统或者环境变量),同时也没提供一种结构化的方式去构造动态应用程序。直到大约 2005 年,出现了 Java Server Pages

（JSP）、微软的 ASP，以及 PHP，这才可以用 Visual Studio 快速构建一个可伸缩且安全的应用程序。

当时，Web 服务器多半会返回整个页面或者文档，但 AJAX 的出现，让事情变得很有意思。AJAX 允许客户端的 JavaScript 脚本为局部页面提供请求服务，然后在不回到服务器的情况下动态刷新部分页面，也就是更新浏览器中的 document 对象，通常称作 DOM 或者文档对象模型。

浏览器与服务器、数据库通信如图 1-22 所示，浏览器发送代码与服务器、数据库通信如图 1-23 所示。

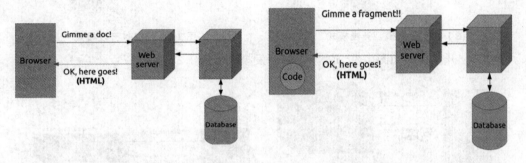

图 1-22　浏览器与服务器、数据库通信　　　图 1-23　浏览器发送代码与服务器、数据库通信

虽然从服务器端返回的仍然是 HTML，但浏览器上的代码能把 HTML 片段内嵌到当前页面中。也就是说，Web 应用的响应可以更快，这时我们真正用 Web 应用取代了 Web 页面。

在随后的几年时间里，AJAX 成为焦点，但在服务器端仍然使用着旧有的技术。后来，37signals 公司公开其成员——Ruby on Rails。Rails 的不同之处在于使用规定的方式去设计 Web 应用程序，运用一种已经广泛在桌面应用开发，但未被搬到 Web 应用上的开发模式。这种模式就叫作模式（数据）—视图（模板）—控制器（业务逻辑）。Rails 强调，"这事就该这么做"，并且通过许多插件让构建 Web 应用更加健全。

从 2007 年开始，涌现了 3 种开发潮流：

第一种是智能手机和移动应用潮流。通常情况下，许多应用程序同时有 Web 和移动应用两种版本。尽管如此，服务器端仍然返回的是 HTML 页面，而不是其他移动应用可以识别的内容，因此，需要结构化数据来取代 HTML。

第二种开发潮流是 jQuery。这是一个非常流行的 JavaScript 库，能够很容易构建动态、美妙的 Web 应用，甚至是 AJAX。

第三种潮流是 Node.js 的发布。这是第一次能用 JavaScript 开发高性能的服务器端程序，进而可能结束客户端开发者要知道 HTML、JavaScript，服务器端开发者要知道.net、C++、Ruby 这样的噩梦。

三层模型开发模式如图 1-24 所示，JSON 开发模式如图 1-25 所示。

后面要讲到的参考架构是这样的，mongoDB 作为数据库服务器，Node、Express 作为 Web 应用服务器，客户端使用 AngularJS，同时也使用 Bootstrap 样式风格。使用这种架构能够快速构建 Web 服务器以及基于 AngularJS 的客户端接口，甚至进行移动应用的开发。

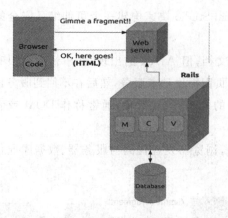

图 1-24 三层模型开发模式   图 1-25 JSON 开发模式

jQuery 开发模式如图 1-26 所示，node 开发模式如图 1-27 所示。

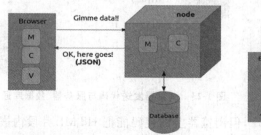
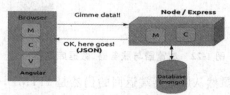

图 1-26 jQuery 开发模式   图 1-27 node 开发模式

 思考练习

1. Java Web 的执行必须同时具备的三个条件是什么？
2. Java Web 的运行原理是怎样的？

 拓展任务

在 Eclipse 下建立新的 Web 应用目录，并运行 Web 应用程序查看结果。

任务评价卡

任务编号	01-02	任务名称	配置 JSP 开发环境		
任务完成方式	□小组协作　□个人独立完成				
项目	等级指标		自评	互评	师评
资料搜集	A. 能通过多种渠道搜集资料，掌握技术应用、特性。 B. 能搜集部分资料，了解技术应用、特性。 C. 搜集渠道单一，资料较少，对技术应用、特性不熟悉				

项目	等级指标	自评	互评	师评
操作实践	A.有很强的动手操作能力,实践方法取得显著成效。 B.有较强的动手操作能力,实践方法取得较好成效。 C.掌握基本的动手操作能力,实践方法有一定成效			
成果展示	A.成果内容丰富,形式多样,且很有条理,能很好地解决问题。 B.成果内容较多,形式较简单,比较有条理,能解决问题。 C.成果内容较少,形式单一,条理性不强,能基本解决问题			
过程体验	A.熟练完成任务,理解并掌握本任务相关知识技能。 B.能完成任务,掌握本任务相关知识技能。 C.完成部分任务,了解本任务相关知识技能			
合计	A 为 86～100 分,B 为 71～85 分,C 为 0～70 分。A 为优秀,B 为良好,C 为尚需加强操作练习			
任务完成情况	1. Eclipse 平台下载完成(优秀、良好、合格)。 2. Eclipse 配置(优秀、良好、合格)			
存在的主要问题:				

项目 2 创建 Web 项目

任务 1 外部导入 Web 项目

阅读代码前要收集所有和项目相关的资料，将收集的源代码部署运行，查看结果，再分析编程思路，从而取长补短，形成自己的设计思路。

◆ **任务导入**

公司有不少开发 Web 应用项目的经典案例，小李从项目经理处拿来一些项目资料，认真学习之后，选择了一款流行的开发工具来部署项目。

◆ **任务实施**

在 Tomcat 中有四种部署 Web 应用的方式，分别是：

（1）利用 Tomcat 自动部署；

（2）利用控制台进行部署；

（3）增加自定义的 Web 部署文件（％Tomcat_Home％\conf\Catalina\localhost\AppName.xml）；

（4）手动修改％Tomcat_Home％\conf\server.xml 文件来部署 Web 应用。

第一种方式：利用 Tomcat 自动部署。

利用 Tomcat 自动部署是最简单、最常用的方式。若一个 Web 应用结构为 D：\workspace\WebApp\AppName\WEB-INF*，只要将一个 Web 应用的 WebContent 级的 AppName 直接放进％Tomcat_Home％\webapps 文件夹下，系统就会把该 Web 应用直接部署到 Tomcat 中。

第二种方式：利用控制台进行部署。

若一个 Web 应用结构为 D：\workspace\WebApp\AppName\WEB-INF*，利用控制台进行部署的方式如下：进入 Tomcat 的 Manager 控制台的 Deploy 区域，在 Context Path（optional）文本框中键入"XXX"（可任意取名），在 WAR or Directory URL 文本框中键入 D：\workspace\WebApp\AppName（表示去寻找此路径下的 Web 应用），单击 Deploy 按钮，如图 2-1 所示。

在％Tomcat_Home％\webapps 路径下会自动出现一个名为 XXX 的文件夹，其内容就是 D：\workspace\WebApp\AppName 的内容，只是名字是 XXX 而已［这就是前面在 Context Path（optional）文本框中键入 XXX 的结果］。

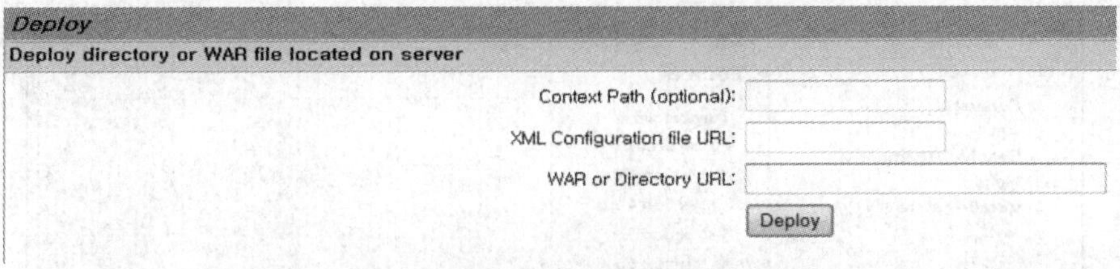

图 2-1 控制台部署

以上说明利用控制台进行部署的实质是利用 Tomcat 的自动部署。

第三种方式:增加自定义的 Web 部署文件。

若一个 Web 应用结构为 D:\workspace\WebApp\AppName\WEB-INF\ * ,采用第三种部署方式稍微复杂一点,我们需要在％Tomcat_Home％\conf 路径下新建一个文件夹 Catalina,再在其中新建一个 localhost 文件夹,最后新建一个 XML 文件,即增加两层目录并新增 XML 文件,得到％Tomcat_Home％\conf\Catalina\localhost\web 路径下应用配置文件.xml,该文件就是部署 Web 应用的配置文件。例如,我们新建一个％Tomcat_Home％\conf\Catalina\localhost\XXX.xml,该文件的内容如下:

```
<Context path="/XXX" reloadable="true" docBase="D:\workspace\WebApp\AppName" workDir
="D:\workspace\WebApp\work"/>
```

> **注意:**
>
> (1) Context path 指定 Web 应用的虚拟路径名。docBase 指定要部署的 Web 应用的源路径。
>
> (2) workDir 表示将该 Web 应用部署后置于的工作目录(Web 应用中 JSP 编译成的 Servlet 都可在其中找到),如果使用的 Eclipse 作为 IDE,一般可手动设置在 WebApp 的 work 目录下。
>
> 如果自定义 Web 部署文件 XXX.xml 中未指明 workDir,则 Web 应用将默认把文件部署在％Tomcat_Home％\work\Catalina\localhost\路径下新建的以 XXX 命名的文件夹下(Web 应用中 JSP 编译成的 Servlet 都可在其中找到。)

其实,开发者可以使用安装有 Tomcat 插件的 Eclipse 自动创建部署文件来部署 Web 应用,而不必手动建立该文件,方法如下:

● 打开 Eclipse,打开 Window 菜单栏,选择 Preferences,在弹出对话框的左侧选择 Tomcat,如图 2-2 所示。

● 在 Context declaration mode 选项区域中选择 Context files,以增加自定义部署文件的形式部署 Web 应用,然后在 Contexts directory 文本框中指定上述文件的上级目录(即％Tomcat_Home％\conf\Catalina\localhost),选择 Apply 和 OK 按钮。

● 选中 Web 项目,右击 Properties(属性),在弹出的对话框中选择左侧的 Tomcat,如图 2-3所示。

● 勾选 Is a Tomcat Project,将项目关联至 Tomcat。

在 Context name 文本框中键入 XXX,即 Web 应用自定义部署文件名和 Context path 名。

在 Subdirectory to set as web application root (optional)文本框中键入要部署的 Web 应用的实际路径(即 WEB-INF 上级目录)。

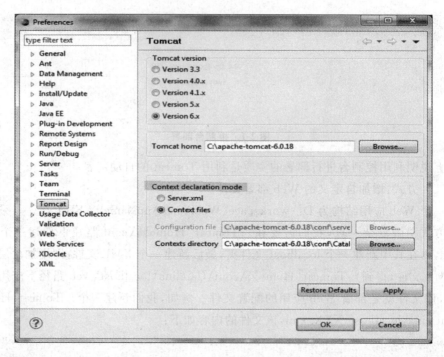

图 2-2　选择 Tomcat

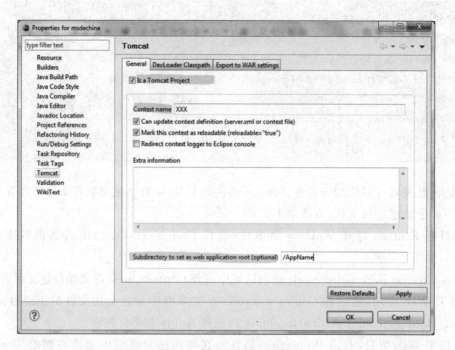

图 2-3　定义 Tomcat 属性

> **注意：**
> Eclipse 会自动地将 workDir 设置在 workspace\WebApp\work 下。

　　如此便自动创建了 %Tomcat_Home%\conf\Catalina\localhost\XXX.xml 文件。启动

Tomcat 即可自动部署 Web 应用。

第四种方式:手动修改％Tomcat_Home％\conf\server.xml 文件来部署 Web 应用。

打开％Tomcat_Home％\conf\server.xml 文件并在其中增加以下元素:

```
<Context docBase="D:\workspace\WebApp\AppName" path="/XXX" debug="0" reloadable="
false" />
```

然后启动 Tomcat 即可。

如果使用 Eclipse,在 Eclipse 中的设置如下:打开 Window 菜单栏,选择 Preferences,在弹出的对话框中选择 Tomcat,在 Context declaration mode 选择区域中选择以 Server.xml 文件来部署 Web 应用,如图 2-4 所示。

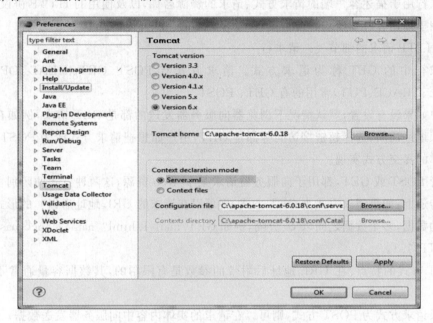

图 2-4　Tomcat 完成部署

◆　知识链接

什么是 HTTP 协议? HTTP 是 hypertext transfer protocol(超文本传输协议)的简写,它是 TCP/IP 协议的一个应用层协议,用于定义 Web 浏览器与 Web 服务器之间交换数据的过程。客户端连上 Web 服务器后,若想获得 Web 服务器中的某个 Web 资源,需遵守一定的通信格式。HTTP 协议用于定义客户端与 Web 服务器通信的格式。

HTTP 协议的主要版本有 HTTP/1.0、HTTP/1.1。在 HTTP/1.0 协议中,客户端与 Web 服务器建立连接后,只能获得一个 Web 资源;在 HTTP/1.1 协议中,允许客户端与 Web 服务器建立连接后,在一个连接上获取多个 Web 资源。

1. HTTP 请求

1) HTTP 请求包括的内容

客户端连上服务器后,向服务器请求某个 Web 资源,称为客户端向服务器发送了一个 HTTP 请求。

一个完整的 HTTP 请求包括一个请求行、若干消息头及实体内容,如图 2-5 所示。

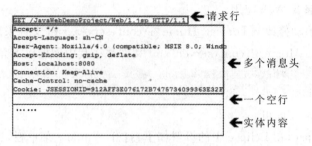

图 2-5 HTTP 请求

请求行用于描述客户端的请求方式、请求的资源名称,以及使用的 HTTP 协议版本号。消息头用于描述客户端请求哪台主机,以及客户端的一些环境信息等。

2) HTTP 请求的细节——请求行

请求行中的 GET 称为请求方式。请求方式有 POST、GET、HEAD、OPTIONS、DELETE、TRACE、PUT,常用的有 GET、POST。

用户如果没有设置,默认情况下浏览器向服务器发送的都是 GET 请求,例如在浏览器直接输入地址访问、选择超链接访问等都是 GET,用户如想把请求方式改为 POST,可通过更改表单的提交方式实现。

不管 POST 或 GET,都用于向服务器请求某个 Web 资源,这两种方式的区别主要表现在数据传递上:如果请求方式为 GET 方式,则可以在请求的 URL 地址后以? 的形式上交给服务器的数据,多个数据之间以 & 分隔,例如 GET/mail/1. html? name=abc&password=xyz HTTP/1. 1。

GET 方式的特点:在 URL 地址后附带的参数是有限制的,其数据容量通常不能超过 1 KB。

如果请求方式为 POST 方式,则可以在请求的实体内容中向服务器发送数据。

POST 方式的特点:传送的数据量无限制。

3) HTTP 请求的细节——消息头

Accept:浏览器通过这个头告诉服务器它所支持的数据类型。

Accept-Charset:浏览器通过这个头告诉服务器它支持哪种字符集。

Accept-Encoding:浏览器通过这个头告诉服务器它所支持的压缩格式。

Accept-Language:浏览器通过这个头告诉服务器它的语言环境。

Host:浏览器通过这个头告诉服务器它想访问哪台主机。

If-Modified-Since:浏览器通过这个头告诉服务器缓存数据的时间。

Referer:浏览器通过这个头告诉服务器客户机是哪个页面来的,防盗链。

Connection:浏览器通过这个头告诉服务器,请求完成后是断开链接还是维持链接。

例如:

```
1 Accept: application/x-ms-application, image/jpeg, application/xaml + xml, image/gif,
image/pjpeg,
2 application/x-ms-xbap, application/vnd. ms-excel, application/vnd. ms-powerpoint,
application/msword,*/*
3 Referer: http://localhost:8080/Java WebDemoProject/Web/2.jsp
```

```
4 Accept-Language: zh-CN
5 User-Agent: Mozilla/4.0 (compatible; MSIE 8.0; Windows NT 6.1; WOW64; Trident/4.0;
SLCC2;.NET CLR 2.0.50727;.NET CLR 3.5.30729;.NET CLR 3.0.30729; Media Center PC 6.0;.
NET4.0C;.NET4.0E; InfoPath.3)
6 Accept-Encoding: gzip, deflate
7 Host: localhost:8080
8 Connection: Keep-Alive
```

2. HTTP 响应

1）HTTP 响应包括的内容

一个 HTTP 响应代表服务器向客户端回送的数据，它包括一个状态行、若干消息头及实体内容，如图 2-6 所示。

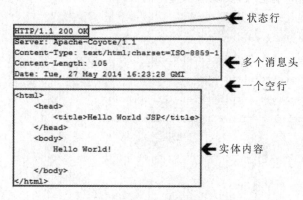

图 2-6　HTTP 响应

状态行用于描述服务器对请求的处理结果。消息头用于描述服务器的基本信息，以及数据的描述，服务器通过这些数据的描述信息，可以通知客户端如何处理等一会儿它回送的数据。实体内容代表服务器向客户端回送的数据。

2）HTTP 响应的细节——状态行

状态行格式：HTTP 版本号　状态码　原因叙述<CRLF>。

状态码用于表示服务器对请求的处理结果，它是一个三位的十进制数。响应状态码分为 5 类，见表 2-1。

表 2-1　响应状态码

状态码	含义
100～199	表示成功接收请求，要求客户端继续提交下一次请求才能完成整个处理过程
200～299	表示成功接收请求并已完成整个处理过程，常用的状态码是 200
300～399	表示完成请求，客户需进一步细化请求。例如，请求的资源已经移动一个新地址，常用的状态码是 302、307 和 304
400～499	表示客户端的请求有错误，常用的状态码是 404
500～599	表示服务器端出现错误，常用的状态码是 500

3）HTTP 响应细节——常用响应头

HTTP 响应中的常用响应头（消息头）如下：

Location：实现请求重定向。

Server：指定服务器的型号。

Content-Encoding：指定数据的压缩格式。

Content-Length：指定回送数据的长度。

Content-Language：指定语言环境。

Content-Type：指定回送数据的类型。

Refresh：要求浏览器定时刷新。

Content-Disposition：指定以下载方式打开数据。

Transfer-Encoding：指定数据以分块方式回送。

4）在服务器端设置响应头来控制客户端浏览器的行为

（1）设置 Location 响应头，实现请求重定向。

```java
1 package gacl.http.study;
2 import java.io.IOException;
3 import javax.servlet.ServletException;
4 import javax.servlet.http.HttpServlet;
5 import javax.servlet.http.HttpServletRequest;
6 import javax.servlet.http.HttpServletResponse;
7 /**
8  *@author gacl
9  *
10 */
11 public class ServletDemo01 extends HttpServlet {
12    public void doGet(HttpServletRequest request, HttpServletResponse response)
13            throws ServletException, IOException {
14
15        response.setStatus(302);//设置服务器的响应状态码
16        /**
17         *设置响应头,服务器通过 Location 这个响应头,来告诉浏览器跳到哪里,这就是所谓
的请求重定向
18         */
19        response.setHeader("Location", "/Java Web_HttpProtocol_Study_20140528/1.
jsp");
20    }
21    public void doPost(HttpServletRequest request, HttpServletResponse response)
22            throws ServletException, IOException {
23        this.doGet(request, response);
24    }
25 }
```

当在浏览器中使用 URL 地址"http://localhost:8080/Java Web_HttpProtocol_Study_20140528/servlet/ServletDemo01"访问 ServletDemo01 时，就可以看到服务器做出响应后发送到浏览器的状态码和响应头信息，如图 2-7 所示。

```
HTTP/1.1 302 Moved Temporarily
Server: Apache-Coyote/1.1
Location: /JavaWeb_HttpProtocol_Study_20140528/1.jsp
Content-Length: 0
Date: Wed, 28 May 2014 15:07:40 GMT
```

图 2-7　状态码和响应头信息

　　服务器返回一个 302 状态码告诉浏览器:你要的资源我没有,但是我通过 Location 响应头告诉你哪里有。而浏览器解析响应头 Location 后知道要跳转到/Java Web_HttpProtocol _Study_20140528/1.jsp 页面,所以就会自动跳转到 1.jsp。

　　(2) 设置 Content-Encoding 响应头,告诉浏览器数据的压缩格式。

```
 1 package gacl.http.study;
 2
 3 import java.io.ByteArrayOutputStream;
 4 import java.io.IOException;
 5 import java.util.zip.GZIPOutputStream;
 6 import javax.servlet.ServletException;
 7 import javax.servlet.http.HttpServlet;
 8 import javax.servlet.http.HttpServletRequest;
 9 import javax.servlet.http.HttpServletResponse;
10 /**
11 *@author gacl
12 *这个小程序用来演示以下两个小知识点
13 *1.使用 GZIPOutputStream 流来压缩数据
14 *2.设置响应头 Content-Encoding 来告诉浏览器,服务器发送回来的数据压缩后的格式
15 */
16 public class ServletDemo02 extends HttpServlet {
17
18     public void doGet(HttpServletRequest request, HttpServletResponse response)
19             throws ServletException, IOException {
20         String data="abcdabcdabcdabcdabcdabcdab" +
21             "cdabcdabcdabcdabcdabcdabcdabc" +
22             "dabcdabcdabcdabcdabcdabcdabc" +
23             "dabcdabcdabcdabcdabcdabcdabcdab" +
24             "cdabcdabcdabcdabcdabcdabcdabcdab" +
25             "cdabcdabcdabcdabcdabcdabcdabcdab" +
26             "cdabcdabcdabcdabcdabcdabcdabcdab" +
27             "cdabcdabcdabcdabcdabcdabcdabcdabcd";
28         System.out.println("原始数据的长度为:"+data.getBytes().length);
29
30         ByteArrayOutputStream bout=new ByteArrayOutputStream();
31         GZIPOutputStream gout=new GZIPOutputStream(bout); //buffer
```

```
32        gout.write(data.getBytes());
33        gout.close();
34        // 得到压缩后的数据
35        byte g[]=bout.toByteArray();
36        response.setHeader("Content-Encoding", "gzip");
37        response.setHeader("Content-Length",g.length +"");
38        response.getOutputStream().write(g);
39    }
40
41    public void doPost(HttpServletRequest request, HttpServletResponse response)
42            throws ServletException, IOException {
43        this.doGet(request, response);
44    }
45 }
```

服务器发给浏览器的响应信息如图 2-8 所示。

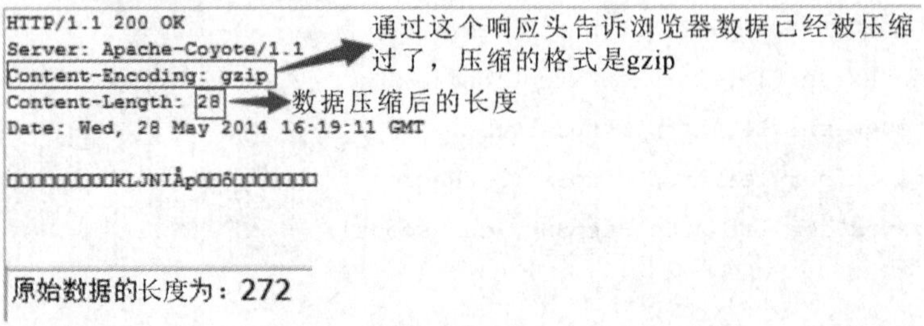

图 2-8　服务器发给浏览器的响应信息

浏览器支持的压缩格式有 gzip 和 deflate。

（3）设置 Content-Type 响应头，指定回送数据类型。

```
1 package gacl.http.study;
2 import java.io.IOException;
3 import java.io.InputStream;
4 import java.io.OutputStream;
5 import javax.servlet.ServletException;
6 import javax.servlet.http.HttpServlet;
7 import javax.servlet.http.HttpServletRequest;
8 import javax.servlet.http.HttpServletResponse;
9 public class ServletDemo03 extends HttpServlet {
10    public void doGet(HttpServletRequest request, HttpServletResponse response)
11            throws ServletException, IOException {
12        /**
13         *浏览器能接收(Accept)的数据类型有：
14         *application/x-ms-application,
15         *image/jpeg,
16         *application/xaml+xml,
```

```
17          *image/gif,
18          *image/pjpeg,
19          *application/x-ms-xbap,
20          *application/vnd.ms-excel,
21          *application/vnd.ms-powerpoint,
22          *application/msword,
23          */
24          response.setHeader("content-type", "image/jpeg");//使用 Content-Type 响应头
指定发送给浏览器的数据类型为"image/jpeg"
25          //读取位于项目根目录下的 img 文件夹里面的 WP_20131005_002.jpg 这张图片,返回一
个输入流
26           InputStream in=this.getServletContext().getResourceAsStream("/img/WP_
20131005_002.jpg");
27          byte buffer[]=new byte[1024];
28          int len=0;
29          OutputStream out=response.getOutputStream();//得到输出流
30          while ((len=in.read(buffer)) > 0) {//读取输入流 (in)里面的内容存储到缓冲区
(buffer)
31              out.write(buffer, 0, len);//将缓冲区里面的内容输出到浏览器
32          }
33      }
34      public void doPost(HttpServletRequest request, HttpServletResponse response)
35              throws ServletException, IOException {
36          this.doGet(request, response);
37      }
38 }
```

服务器发给浏览器的响应信息如图 2-9 所示。在浏览器中会显示出图片。

```
HTTP/1.1 200 OK
Server: Apache-Coyote/1.1
Content-Type: image/jpeg        这是在服务器端设置的
Transfer-Encoding: chunked      数据类型
Date: Wed, 28 May 2014 16:48:47 GMT

2000
ÿØÿá\Exif□□MM□*□□□□□□□□□□□□□□□□□□□□□□□□
□□□□□*□□□□□□□□□□□□□□□*□□□□□□□□□□¶□(□□□□□□□□10□□□□□
□□□□□□□□□□□□□□□□□□□□□□□□□□□□□□□□□□□□□□□□□□□□□□□□
```

图 2-9　服务器发送给浏览器的响应信息

（4）设置 Refresh 响应头,让浏览器定时刷新。

```
1 package gacl.http.study;
2
3 import java.io.IOException;
4 import javax.servlet.ServletException;
5 import javax.servlet.http.HttpServlet;
6 import javax.servlet.http.HttpServletRequest;
```

```
7 import javax.servlet.http.HttpServletResponse;

8

9 public class ServletDemo04 extends HttpServlet {
10    public void doGet(HttpServletRequest request, HttpServletResponse response)
11          throws ServletException, IOException {
12      /**
13       *设置 Refresh 响应头,让浏览器每隔 3 秒定时刷新
14       */
15      //  response.setHeader("refresh", "3");
16      /**
17       *设置 Refresh 响应头,让浏览器 3 秒后跳转到 http://www.baidu.com
18       */
19      response.setHeader("refresh", "3;url='http://www.baidu.com'");
20      response.getWriter().write("gacl");
21    }

22

23    public void doPost(HttpServletRequest request, HttpServletResponse response)
24          throws ServletException, IOException {
25      this.doGet(request, response);
26    }

27

28 }
```

(5) 设置 Content-Disposition 响应头,让浏览器以下载方式打开文件。

```
1 package gacl.http.study;

2

3 import java.io.IOException;

4 import java.io.InputStream;

5 import java.io.OutputStream;

6

7 import javax.servlet.ServletException;

8 import javax.servlet.http.HttpServlet;

9 import javax.servlet.http.HttpServletRequest;

10 import javax.servlet.http.HttpServletResponse;

11

12 public class ServletDemo05 extends HttpServlet {
13    public void doGet(HttpServletRequest request, HttpServletResponse response)
14          throws ServletException, IOException {
15      /**
16       *设置 Content-Disposition 响应头,让浏览器下载文件
17       */
18      response.setHeader("content-disposition", "attachment;filename=xxx.
jpg");
```

```
19        InputStream in=this.getServletContext().getResourceAsStream("/img/1.
jpg");
20        byte buffer[]=new byte[1024];
21        int len=0;
22        OutputStream out=response.getOutputStream();
23        while ((len=in.read(buffer)) > 0) {
24            out.write(buffer, 0, len);
25        }
26    }
27
28    public void doPost(HttpServletRequest request, HttpServletResponse response)
29            throws ServletException, IOException {
30        this.doGet(request, response);
31    }
32
33 }
```

思考练习

分析网站的构成,如何做网站需求分析?

拓展任务

将源码中的项目部署到自己的工作环境中,熟悉网站部署流程。

任务评价卡

任务编号	02-01	任务名称		导入源码		
任务完成方式	□小组协作　□个人独立完成					
项目	等级指标			自评	互评	师评
资料搜集	A. 能通过多种渠道搜集资料,掌握技术应用、特性。 B. 能搜集部分资料,了解技术应用、特性。 C. 搜集渠道单一,资料较少,对技术应用、特性不熟悉					
操作实践	A. 有很强的动手操作能力,实践方法取得显著成效。 B. 有较强的动手操作能力,实践方法取得较好成效。 C. 掌握基本的动手操作能力,实践方法有一定成效					
成果展示	A. 成果内容丰富,形式多样,且很有条理,能很好地解决问题。 B. 成果内容较多,形式较简单,比较有条理,能解决问题。 C. 成果内容较少,形式单一,条理性不强,能基本解决问题					

项目	等级指标	自评	互评	师评
过程体验	A.熟练完成任务,理解并掌握本任务相关知识技能。 B.能完成任务,掌握本任务相关知识技能。 C.完成部分任务,了解本任务相关知识技能			
合计	A 为 86～100 分,B 为 71～85 分,C 为 0～70 分。A 为优秀,B 为良好,C 为尚需加强操作练习			
任务完成情况	1.利用 Tomcat 自动部署(优秀、良好、合格)。 2.利用控制台进行部署(优秀、良好、合格)。 3.增加自定义的 Web 部署文件(优秀、良好、合格)。 4.手动增加 server.xml 文件部属 Web 应用(优秀、良好、合格)			
存在的主要问题:				

任务2 创建新的 Web 项目

网站是一种典型的分布式应用框架,网站应用中的每一次信息交换都要涉及用户端和服务器端两个层面。因此,网站开发技术大体上也可以分为用户端技术和服务器端技术两大类。我们从用户端技术入手开始我们的 Java Web 项目开发。

◆ 任务导入

为了学习掌握 JSP 动态网页的设计开发,我们从大家比较熟悉的注册表单入手。以前在学习静态网页设计时,做好的表单无法提交数据,那是因为没有接收数据的程序。本任务使用一组范例,由 HTML 的表单提交数据,并使用 JSP 动态网页获得数据,来理解它们之间的关系和它们的工作原理,如图 2-10 和图 2-11 所示。

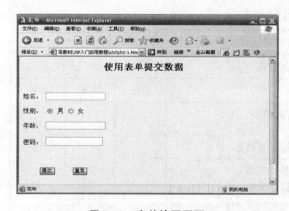

图 2-10　表单填写页面

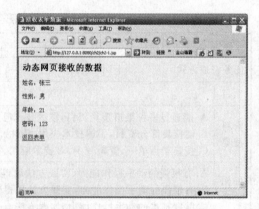

图 2-11　表单结果显示页面

◆ 任务实施

1.创建 Web 应用项目

首先,打开 Eclipse 软件,在菜单栏依次选择 File→New→Dynamic Web Project,新建一

个 Web 项目,如图 2-12 所示。

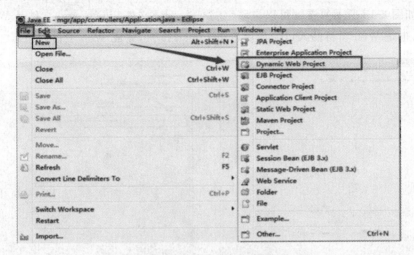

图 2-12　在 Eclipse 中创建 Java Web 项目

其次,在弹出的对话框中设置项目的基本信息,包括项目名、项目运行时服务器版本。这里创建一个 Test 项目来测试,输入完毕后单击 Next 按钮,如图 2-13 所示。

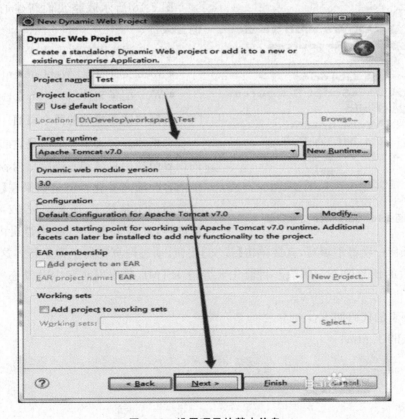

图 2-13　设置项目的基本信息

弹出的对话框中显示出 Web 项目中需要编译的 Java 文件的目录,默认是 src 目录,这里不需要修改,直接单击 Next 按钮,如图 2-14 所示。

接着弹出的对话框显示新创建的 Web 项目名和 Web 文件相关的目录,默认是

WebContent。

　　勾选如图 2-15 所示复选框可以自动生成 web. xml 文件。web. xml 文件是 Web 项目的核心文件,也是 Web 项目的入口。最后单击 Finish 按钮,完成 Web 项目创建。

图 2-14　设置目录

图 2-15　完成创建

图 2-16　Java Web 文件目录

　　图 2-16 所示就是我们新建的 Web 项目的目录:

● Java 源代码存放目录:src。

● Web 文件目录:WebContent。

● Web 配置文件:web. xml。

2. 完成注册模块的两个页面

　　分析本任务表单显示结果,在表单中填写的内容包括用户名和密码两项内容,屏幕显示的内容会随之变化。但是如果在【年龄】项目中填写的不是数字,而是字母、汉字等不正确的内容,屏幕上也会将这些错误内容显示出来。如果任何一项都不填写,直接单击【提交】按钮,动态网页仍能正常运行。这些问题,我们会在以后的任务中一一解决。目前先要弄清 HTML 静态网页和 JSP 动态网页之间的关系。

　　两个网页的代码如下:

　　范例:ch2-1. htm

◇—◇—◇—◇—◇—◇—◇—◇—◇—◇表单◇—◇—◇—◇—◇—◇—◇—◇—◇—◇

```
1 <html>
2 <head>
3 <meta http-equiv="Content-Type" content="text/html; charset=gb2312">
4 <title> 表单</title>
5 </head>
6
7 <body bgcolor="#FFFFCC">
```

```
8 <h2 align="center"> <font color="#000099"> 使用表单提交数据</font> </h2>
9 <form name="form1" method="post" action="ch2-1.jsp">
10 <p>  </p>
11 <p> 姓名：
12 <input name="xingming" type="text" id="xingming">
13 </p>
14 <p> 性别：
15 <input name="xingbie" type="radio" value="男" checked>
16 男
17 <input type="radio" name="xingbie" value="女">
18 女</p>
19 <p> 年龄：
20 <input name="nianling" type="text" id="nianling">
21 </p>
22 <p> 密码：
23 <input name="mima" type="password" id="mima">
24 </p>
25 <p>  </p>
26 <table width="40% " border="0">
27 <tr>
28 <td> <div align="center">
29 <input type="submit" name="Submit3" value="提交">
30 </div> </td>
31 <td> <input type="reset" name="Submit2" value="重写"> </td>
32 </tr>
33 </table>
34 <p>   </p>
35 </form>
36 <p> <em> <font color="#000099"> </font> </em> </p>
37 </body>
38 </html>
```

范例：ch2-1.jsp

◇─◇─◇─◇─◇─◇─◇─◇─◇─◇ 接收表单数据 ◇─◇─◇─◇─◇─◇─◇─◇─◇─◇

```
1 <%@page contentType="text/html; charset=gb2312" language="java" import="java.sql.*
   " errorPage="" % >
2 <html>
3 <head>
4 <meta http-equiv="Content-Type" content="text/html; charset=gb2312">
5 <title> 接收表单数据</title>
6 </head>
7 <body bgcolor="#FFFFCC">
8 <h2> 动态网页接收的数据</h2>
```

```
9 <p>
10 <%!        //定义接收 HTML 数据的变量
11 String name;
12 String xingbie;
13 String nianling;
14 String password;
15 %>
16 <%          //接收 HTML 数据
17 name=request.getParameter("xingming");
18 xingbie=request.getParameter("xingbie");
19 nianling=request.getParameter("nianling");
20 password=request.getParameter("mima");
21                //将数据送到屏幕上显示
22 out.print("姓名:"+name);
23 out.print("<p> 性别:"+xingbie);
24 out.print("<p> 年龄:"+nianling);
25 out.print("<p> 密码:"+password);
26 %>
27 </p>
28 <p> <a href="ch2-1.htm"> 返回表单</a> </p>
29 </body>
30 </html>
```

3. HTML 表单的构成分析

HTML 的表单网页,给人最直观的印象就是页面上的各种表单项,比如文本框、密码框、单选按钮、复选框、下拉列表菜单、提交按钮等。实际上,和 JSP 动态网页有联系的还有表单(域)的概念。

1) 表单项

要分析 HTML 表单中的元素及其作用,首先启动 Dreamweaver,在图形设计界面即可看到如图 2-17 所示界面。

图 2-17 中有七个表单项,分别是对应【姓名】的文本框,对应【性别】的两个单选按钮,对应【年龄】的文本框,对应【密码】的文本框,以及【提交】【重写】两个按钮。此时可以把每个表单项看成一个用来存放用户所提交数据的容器。每个表单项都有一系列的属性,这些属性起决定其外观及功能的作用。

如图 2-17 所示,选择【姓名】文本框,在【属性】面板中定义【文本域】的表单项名称是"xingming"("姓名"的汉语拼音),【类型】是"单行",其他项目为空。其中【字符宽度】影响文本框的宽窄,【最多字符数】限定文本框能够输入的最多字符数。

选择【性别】后面的第一个单选按钮,在【属性】面板中定义【单选按钮】的表单项名是"xingbie",【选定值】为"男",【初始状态】为已勾选。选择第二个单选按钮,在【属性】面板中定义【单选按钮】的表单项名是"xingbie",【选定值】为"女",【初始状态】为未选中。注意:自己编制含有【单选按钮】的表单项,一定要将其中的一个【初始状态】设置为已勾选,否则 JSP程序不能正常运行。对于需要所有【单选按钮】必须设置为"未选中"的问题,解决的方法将

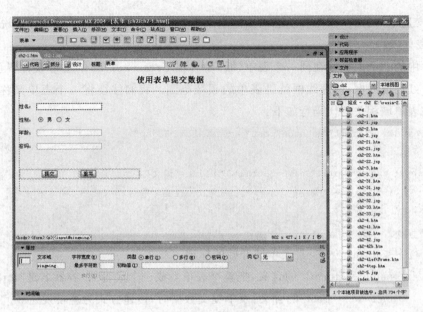

图 2-17　表单分析

在后面讲解。

选择【年龄】文本框,在【属性】面板中定义【文本域】的表单项名是"nianling",【类型】是"单行",其他项目的值为空。

选择【密码】文本框,在【属性】面板中定义【文本域】的表单项名是"mima",【类型】是"密码",其他项目的值为空。

以上各个表单项的属性值,在与动态网页发生联系时,都起着重要作用。为了更清楚地了解这些属性值,我们看一下 ch2-1.htm 文件的部分代码行:

```
11 <p> 姓名:
12 <input name="xingming" type="text" id="xingming">
13 </p>
14 <p> 性别:
15 <input name="xingbie" type="radio" value="男" checked>
16 男
17 <input type="radio" name="xingbie" value="女">
18 女</p>
```

第 12 行中type="text"的含义:这个表单项的类型是文本域(也称为文本框)。

name="xingming"的含义:文本域的表单项名是"xingming"。

第 15 行中type="radio"的含义:这个表单项的类型是单选按钮。

name="xingbie"的含义:单选按钮的表单项名是"xingbie"。

value="男"的含义:这个单选按钮的值是"男"。

checked 的含义:这个单选按钮已勾选。

第 17 行中name="xingbie"的含义:单选按钮的表单项名是"xingbie"。

value="女"的含义:这个单选按钮的值是"女"。

我们注意到第 15 行和第 17 行两个单选按钮的表单项名都是"xingbie",这说明它们是属于同一组的单选按钮。在同一组的单选按钮中,只能有一个值被选中。

【提交】【重写】两个按钮和动态网页的联系更紧密。下面结合表单域做详细说明。

2）表单（域）

表单中的七个表单项在同一个表单（域）中。在 Dreamweaver 的图形设计界面中，可以看到一个红色虚线框，该虚线框就是表单的领域范围。我们往往将一个表单又称为一个表单域。和表单域相关的代码行如下：

```
 9 <form name="form1" method="post" action="ch2-1.jsp">
   ……
29 <input type="submit" name="Submit3" value="提交">
31 <td> <input type="reset" name="Submit2" value="重写"> </td>
   ……
35 </form>
```

第 9 行中＜form ……＞是表单域开始的标记。

　　　　name ＝"form1"的含义：把整个表单看成一个大容器，容器名是"form1"。

　　　　method＝"post"的含义：表单提交数据时，传递方式为整批发送。

　　　　action＝"ch2-1.jsp"的含义：表单提交的数据由 ch2-1.jsp 接收。

第 29 行中 type＝"submit"的含义：按钮的作用是将所在表单域内的数据送出去。

第 31 行中 type＝"reset"的含义：按钮的作用是将所在表单域内的数据清空。

第 35 行中的＜/form＞是表单域结束的标记。

综上所述，一个规范完整的表单 HTML 文档，应该具备如下条件：

● 有表单的开始标记和结束标记，限定表单域的范围；

● 在表单开始标记的参数中，必须含有提交数据传送的方式和接收数据的程序（动态网页）文件名；

● 在表单域范围内，放置表单项，每个表单项要定义需要的属性；

● 在表单域范围内，要有【提交】按钮。

因此，在 Dreamweaver 的图形设计界面下，完成表单的制作后，必须进入文本方式的代码界面，将表单开始标记参数中的 action＝""填入相应 JSP 文件名。

4. JSP 动态网页构成分析

初次接触 JSP 动态网页，还需了解一下 JSP 网页的基本知识，尤其是与范例 ch2-1.jsp 有关的知识，然后学习其构成及如何获得 HTML 提交的数据。JSP 动态网页所涉及的其他概念和知识，将在后面的范例中介绍。现在需要了解的 JSP 网页基本知识如下：

● JSP 动态网页主要解决某些功能的实现，并了解程序代码及其主要成分；

● JSP 动态网页是在 HTML 超文本语言中镶嵌 Java 代码构成的；

● 嵌入的 Java 代码，是放在＜％　％＞标记中的，Java 代码必须符合 Java 语法；

● JSP 动态网页的文件扩展名是.jsp；

● 纯粹解决某些功能的 JSP 动态网页，可以不包括任何 HTML 代码。

下面以范例 ch2-1.jsp 动态网页的程序代码为例进行介绍。

第 1 行：＜％＠page contentType＝"text/html；charset＝gb2312" language＝"java" import＝"java.sql.＊" ％＞是 JSP 动态网页的页命令，它对动态网页整体性能的控制起着重要作用。这些命令后面要专门讲解，现在只需知道，动态网页中不能缺少这一行。

第 2 行～第 9 行:纯粹的 HTML 代码。

第 10 行～第 15 行:放在<%！ %>标记中的 Java 代码,定义了四个字符串型的变量。这是因为在 HTML 表单中有四个承载数据的表单项,定义这些变量是为下面接收获得数据准备的。

第 16 行～第 21 行:放在<% %>标记中的 Java 代码,作用是获得 HTML 表单提交的数据。等号的作用是赋值,等号左边是已经定义好的 JSP 变量,等号右边是从 HTML 表单获得的数据。request. getParameter()是 JSP 默认对象中的一个方法,获得 HTML 表单提交的数据,必须使用这个方法。

```
17 name=request.getParameter("xingming");
   //JSP 变量 name 获得 HTML 表单中 xingming 表单项中的数据
18 xingbie=request.getParameter("xingbie");
   //JSP 变量 xingbie 获得 HTML 表单中 xingbie 表单项中的数据
19 nianling=request.getParameter("nianling");
   //JSP 变量 nianling 获得 HTML 表单中 nianling 表单项中的数据
20 password=request.getParameter("mima");
   //JSP 变量 password 获得 HTML 表单中 mima 表单项中的数据
```

在这里我们看到 JSP 动态网页和 HTML 静态网页发生的联系,这条语句等号左边必须是已经定义好的 JSP 变量,右边"request. getParameter()"方法的括号中必须是 HTML 表单中的表单项名。

同时也会发现,每个表单项名加上了引号(""),语句的结尾使用了分号(;),这都是 Java 语法要求的。

> **注意:**
> a. Java 语言对于字母的大、小写区分非常敏感,一点也不能错,否则就是错误语句。
> b. 语句行中所有的符号(等号、括号、引号、分号)都必须是半角英文符号,如果使用了中文全角符号,程序行就成为非法语句。
> 在今后的编程中,这些都是经常容易出错的地方。

第 22～25 行:将获得的数据送到屏幕上显示,这是 JSP 最常用的输出语句。

```
22 out.print("姓名:"+name);
23 out.print("<p> 性别:"+xingbie);
24 out.print("<p> 年龄:"+nianling);
25 out.print("<p> 密码:"+password);
```

第 22 行中 out. print() 是 JSP 默认类的一个方法,()中是输出的内容;"姓名:"是输出的字符串,＋是字符串和变量的连接符。

name、xingbie、nianling、password 都是 JSP 变量,已在第 17、18、19、20 行获得 HTML 提交的数据。

第 23 行中的<p>,是在 JSP 输出语句中插入的 HTML 标记,其作用和在 HTML 文档中一样,即插入一个分段标记。

综上所述,该 JSP 文档基本由三部分组成:第一部分是第 10～15 行,定义变量,为获得数据做准备;第二部分是第 16～21 行,使用 request. getParameter()方法获得 HTML 表单提交的数据;第三部分是第 22～25 行,将获得的数据送到屏幕上显示。

JSP 动态网页将获得的数据送到屏幕显示,是最简单的数据处理。后面的范例中,我们将学习复杂的数据处理,比如数据的转换、算术运算、逻辑运算,以及如何使用分支语句、循环语句控制程序的流程等。

◆ 知识链接

HTML 是英文 hypertext markup language 的缩写,意思是"超文本标记语言",用它编写的文件(文档)的扩展名是 . html 或 . htm,它们是可供浏览器解释浏览的文件格式。用户可以使用记事本、写字板或 Frontpage Editor 等编辑工具来编写 HTML 文件。HTML 语言使用标志对的方法编写文件,既简单又方便,它通常使用<标志名></标志名>来表示标志的开始和结束(例如<html></html>标志对),因此在 HTML 文档中这样的标志对都必须是成对使用的。

当我们畅游 Internet 时,我们透过浏览器看到的网站,是由 HTML 语言构成的。HTML 是一种建立网页文件的语言,透过标记式的指令(Tag),链接影像、声音、图片、文字等链接并显示出来。

HTML 标记是由<和>括住的指令,主要分为单标记指令、双标记指令,其中双标记指令由<起始标记>,</ 结束标记>构成。HTML 网页文件可由任何文本编辑器或网页专用编辑器编辑,完成(以 . htm 或 . html 为文件后缀保存)后将 HTML 网页文件由浏览器打开显示,若测试没有问题则可以放到服务器(Server)上,对外发布信息。

1. HTML 文件基本架构

HTML 文件的基本架构如下:

```
<html> 文件开始
<head> 标头区开始
<title> ...</title> 标题区
</head> 标头区结束
<body> 本文区开始
本文区内容
</body> 本文区结束
</html> 文件结束
```

HTML 文件的各部分释义如下:

<html>:定义网页文件格式。

<head>标头区:记录文件基本资料,如作者、编写时间。

<title>标题区:文件标题须使用在标头区内,可以在浏览器最上面看到标题。

<body>本文区:文件资料,即在浏览器上看到的网站内容。

> **注意:**

  通常一份 HTML 网页文件包含两个部分:<head>...</head>标头区和<body>...</body>本文区。而<html>和</html>定义网页文件格式。

习惯上,一个网站的首页名称通常定义为 index. htm 或 index. html,这样只要浏览网站,浏览器便会自动找出 index. htm 文件。

<hn>...</hn>[n＝1（大）～6（小）],用于设定标题字体大小,后续文本会自动跳至下一行,通常用在如章节、段落等标题上。

如<h2>标题</h2>定义标题字体,输出如下:

标题

如<h3 align＝center>标题</h3>中"align＝center"表示标题置中,输出如下:

标题

<b>...</b>指定改粗体字。

如<b>粗体字</b>,输出如下:

粗体字

<i>...</i>指定改斜体字。

如<i>斜体字</i>,输出如下:

斜体字

<del>...</del>表示删除指定内容。

如<del>横线</del>表示删除"横线"二字

<tt>...</tt>表示固定宽度文字。

如<tt>打字体</tt>,输出如下:

打字体

<sup>...</sup>定义上标字。

如字体<sup>上标字</sup>,输出如下:

字体^{上标字}

<sub>...</sub>定义下标字。

如字体<sub>下标字</sub>,输出如下:

字体$_{下标字}$

<!...>是注解内容,不会显示在浏览器上,注解内容可以有多行。

如<! 更新日期:2021/1/1>。

2. 表格

表格是 HTML 的一项非常重要功能,利用其多种属性能够设计出多样化的表格。使用表格可以使你的页面有很多意想不到的效果,比如,页面更加整齐美观。

常用表格标记有如下五种。

(1) <table>...</table>表格指令。

相关属性:

· align 调整;

· bgcolor 背景颜色;

· border 边框;

· height 高度;

· width 宽度。

(2) <caption>...</caption>表格标题。

相关属性：

• align 调整。

（3）<tr>...</tr>表格列（</tr>可省略）。

相关属性：

• align 调整。

（4）<th>...</th>表格栏标题（表头）粗体字（</th>可省略）。

相关属性：

• align 调整；

• colspan 栏宽；

• rowspan 栏高。

（5）<td>...</td>表格栏资料（储存格）（</td>可省略）。

相关属性：

• align 调整；

• bgcolor 背景颜色；

• height 高度；

• width 宽度；

• colspan 栏宽；

• rowspan 栏高。

范例：

如：（基础型）

```
<table border=1 align=center>
<tr> <td> Java Web学习<td> Java Web学习
<tr> <td> Java Web学习<td> Java Web学习
</table>
```

Java Web 学习	Java Web 学习
Java Web 学习	Java Web 学习

如：（加强型）增加背景颜色、表格标题、栏标题、跨栏宽、跨栏高。

```
<table border=1 align=center bgcolor=#ccccff>
<caption> 表格标题</caption>
<tr>
<td>
<th colspan=2> 行标题 1
<th colspan=2> 行标题 2
<tr>
<th rowspan=2> 列标题 1
<td> a <td> a <td> a <td> a
<tr> <td> b <td> b <td> b <td> b
<tr>
<th rowspan=2> 列标题 2
<td> c <td> c <td> c <td> c
<tr> <td> d <td> d <td> d <td> d
</table>
```

表格标题

	行标题 1		行标题 2	
列标题 1	a	a	a	a
	b	b	b	b
列标题 2	c	c	c	c
	d	d	d	d

3. 标示

HTML 提供许多种类的标示标记,既可以用作项目标示,也可以用作巢状式标示。

1) 项目标示

(1) <li>标示项目。<ol>...</ol>表示编号标示,可标示数字或英文、罗马字母,默认用数字编号标示。

如:

```
<ol>
<li> 第一项
<li> 第二项
</ol>
```

    1.第一项

    2.第二项

如:

```
<ol type= i>
<li> 第一项
<li> 第二项
</ol>
```

ⅰ.第一项

ⅱ.第二项

<ul>...</ul>表示符号标示,可标示数字或英文、罗马字母,默认用圆点符号标识。

如:

```
<ul>
<li> 第一项
<li> 第二项
</ul>
```

· 第一项

· 第二项

(2) <dt>定义项目。

(3) <dd>定义资料。

(4) <dl>...</dl>定义标示。

如:

```
<dl>
<dt> 十进制:<dd> 0、1、2、3、4、5、6、7、8、9
<dt> 十六进制:<dd> 0、1、2、3、4、5、6、7、8、9、a、b、c、d、e、f
</dl>
```

十进制：

0、1、2、3、4、5、6、7、8、9

十六进制：

0、1、2、3、4、5、6、7、8、9、a、b、c、d、e、f

2）巢状式标示

巢状式标示如：

```
<ol> <li> 第一章
<ol type=i>
<li> 第一节
<ul>
<li> 第一段
<li> 第二段
</ul>
<li> 第二节
</ol> <li> 第二章
<li> 第三章
</ol>
```

1. 第一章
 ⅰ. 第一节
  • 第一段
  • 第二段
 ⅱ. 第二节
2. 第二章
3. 第三章

3）其他标示标记

＜dir＞...＜/dir＞目录式标示（自动加圆点）。

如：

```
网络学院：
<dir>
<li> 新手上路
<li> 软件教室
<li> 设计教室
<li> 开发教室
</dir>
```

网络学院：
 • 新手上路
 • 软件教室
 • 设计教室
 • 开发教室

在 HTML 文件中,有些符号是代表特定的意义的。当我们要使用这些特殊符号时,便要用替代指令,见表 2-2。

表 2-2　特殊符号的替代命令

符号	替代指令
"	&#34 或 &quot
&	&#38 或 &amp
<	&#60 或 &lt
>	&#62 或 &gt
不可分空格	

4) 区段标记

一个网站不仅要内容丰富,也要有美观简洁的版面。HTML 所提供的区段标记功能,也可以展示出相当不错的版面。

常用区段标记如下:

(1) <hr>表示产生水平线。

如:<hr aling＝center width＝90%>。输出如下:

---

(2)
表示跳至下一行。

如:网络学院,
网上学电脑的好去处。输出如下:

网络学院,
网上学电脑的好去处。

(3) <p>...</p>表示跳下一行并加一行空白(</p>可省略)。

如:网络学院,<p>网上学电脑的好去处。输出如下:

网络学院,

网上学电脑的好去处。

(4) <center>...</center>置中。

如:<center>置中</center>。输出如下:

置中

(5) <nobr>...</nobr>不跳下一行。

如:<nobr>网络学院,</nobr>网上学电脑的好去处。输出如下:

网络学院,网上学电脑的好去处。

(6)＜pre＞...＜/pre＞以文件原始格式显示。

如:＜pre＞原始格式: 文件＜/pre＞

原始格式:文件

5) 链接

(1) 链接种类。链接可分成外部链接和内部链接两种。

外部链接指链接至网络的某个 URL 网址或文件,可参考网络链接方式。

内部链接指链接 HTML 文件的某个区段。

(2) 网络链接方式。网络链接方式://主机名称/路径/文件名称。

网址如:

```
http:// www.pconline.com.cn/
```

文件传输如:

```
ftp:// ftp.pconline.com.cn/
```

gropher 传输如:

```
gropher:// gropher.net.cn/
```

远端登录如:

```
telnet:// bbs.net.cn/
```

文件下载如:

```
file:// data/html/file.zip
```

net news 传输如:

```
news:talk.hinet.net.cn
```

E-mail 如:

```
mailto:pcedu@pconline.com.cn
```

(3) 常用链接标记。

① ＜base＞设定基本 URL 位置或路径,以后只要设定文件名称即会自动加上位置或路径。

相关属性:

·href 链接的 URL 位址或文件。

·target 指定链接到的 URL 位址或文件显示于哪一个视窗(可和＜frame＞视窗标记配合使用或开新的视窗)。如:

```
<base href="http:// www.pconline.com.cn/">
<a href="kk.htm"> ■</a>
<base href="http:// www.pconline.com.cn/" target=frame1>
```

② ＜a＞...＜/a＞链接指令。

相关属性:

·href 链接的 URL 位址或文件。

·name 名称。

·target 指定链接到的 URL 位址或文件显示于哪一个视窗(可和＜frame＞视窗标记配合使用或开新的视窗)。如:

外部链接代码如下：

```
<a href="http:// www.pconline.com.cn/"> ■</a>
<a href="http:// www.pconline.com.cn/" target=frame1> ■</a>
```

内部链接有两种：ch1.htm 文件和 ch2.htm 文件。

ch1.htm 文件。

```
<a href=# a> ■</a>  // 欲链接至 HTML 文件 a 点
<a name=a> ■</a>  // HTML 文件 a 点
```

ch2.htm 文件。

```
<a href=ch1.htm# a> ■</a>  // 欲链接至 ch1.htm 文件 a 点，"■"表示链接点，可以是文字或图
案，即鼠标移到时，会变成手指形状的地方
```

③ ＜link＞链接指令（用于 head 区，设定 css 文件）。

④ ＜meta＞储存应用资讯，可设定时间载入网页（用于 head 区）。

相关属性：

• charset 设定。

• content 回应表头资料内容，若是数字表示秒数。

• http-equiv 回应表头，若设定为 Refresh，则载入 URL 设定内容。

• URL HTML 位置。

如：

• 设定中文自动跳行。

```
<meta http-equiv="content-type" content="text/html;charset=gb2312">
```

• 设定十秒回到首页。（若不设定 HTML 文件位置则再载入原 HTML 文件）

```
<meta http-equiv="refresh" content=10 url=index.htm>
```

⑤ ＜body＞...＜/body＞设定链接、未链接部分颜色。

相关属性：

• alink 按下链接部分未放开时颜色。

• link 未看过的链接部分颜色。

• vlink 已看过的链接部分颜色。

如：

```
<body link=#0000ff alink=#ff0000 vlink=#00ff00>
```

6）设置图片

图片增加了网站版面的美观，但过多的图片会拖慢网站传输的效率。

有关设定图片的方法共有以下几种：

（1）设定 HTML 文件背景图片、背景颜色。＜body＞...＜/body＞标记。如：

```
<body background=a.gif> ...</body>
```
或
```
<body bgcolor=#000000> ...</body>
```

（2）设定图片。＜img＞标记。

（3）设定地图。＜map＞...＜/map＞标记。

（4）常用图片标记。

① ＜img＞指令。

相关属性：
- align 调整。
- alt 提示字。
- border 边框。
- height 高度。
- src 文件或 URL 位址。
- usemap 地图名称。
- width 宽度。

如：可插入图片（gif、jpg 格式）、avi 电影。

```
<center>
<img src="../../../images/pcedu_lo.gif" alt="太平洋网络学院" align=top border=1>
</center>
```

② <map>...</map>设定地图。

相关属性：
- name 名称。

③ <area>设定地图动作区域。

相关属性：
- coords 设定动作区域坐标（左上角坐标：x1,y1 ；右下角坐标：x2,y2）。
- href 动作区域连接点（可载入位址或文件）。
- nohref 动作区域连接点不动作。
- shape 外形。

范例：（设定地图）

```
<img border=0 src=a.gif usemap=#a>
<map name=a>
<area shape=rect coords=0,0,200,100 href=1.htm>
<area shape=rect coords=0,100,200,200 nohref>
<area shape=rect coords=0,200,200,300 href=3.htm>
</map>
```

7）加入声音

HTML 不仅能插入图片，也可以载入 midi 音乐、wav 音效。

（1）常用音乐标记。<bgsound>设定背景音乐、音效。

相关属性：
- loop 循环，背景音乐播放次数。
- src 文件或 URL 位址（可为 wav、midi 格式）。

例如：

```
<bgsound src=m-1.mid loop=true>
```

（2）内嵌音乐插件。<embed>...</embed>用于内嵌插件。

相关属性：
- height 高度。
- width 宽度（可设百分比％）。

- src 设定内嵌物件的 URL 位址。
- loop 循环,背景音乐播放次数。
- autostart 自动播放。

例如：

```
<embed src=m-1.mid width=145 height=60 autostart=true loop=true> </embed>
```

8) 滚动条

这是由 IE 提供的滚动条,属性越多,属性功能越强。

＜marquee＞...＜/marquee＞用于标记文字卷动(滚动条)。

相关属性：

- behavior 设定卷动方式。

—alternate 表示交替来回卷动；

—scroll 表示卷动(预设)；

—slide 表示滑动。

- bgcolor＝color 设定背景颜色。
- direction＝设定卷动方向。
- height＝n 设定高度。
- loop＝n 定义循环、卷动次数(预设循环)。
- scrollamount＝n 设定卷动距离。
- scrolldelay＝milliseconds 设定卷动时间。
- truespeed＝milliseconds 设定卷动速度。
- width＝n 设定宽度(可设百分比％)。

范例：

```
<marquee bgcolor=red behavior=alternate direction=left scrollamout=10 scrolldelay=
100> <font color=white> 太平洋网络学院</font> </marquee>
<marquee bgcolor = green height = 50 behavior = scroll direction = up scrollamout = 10
scrolldelay=300> <font color=white> <center> 太平洋网络学院</center> </font> </
marquee>
```

4. HTML 的标签

table、tbody、tr、td 称为 HTML 的标签,以双标签的形式出现,所谓"双标签",也就是有一个＜table＞就有一个＜/table＞与之对应,同样适用于其他的双标签。

一般标签都为双标签。标签最终所显示的网页效果由各个属性来表达,属性可选择使用,不一定全部都用。在整个图片或帖子里双标签以首尾呼应的方式出现。例如：

```
<table align=center background="背景图片地址" border=0 cellpadding=0 cellspacing=0
bordercolor=#0000ff width="100% ">
<tbody>
<tr>
<td>
//这里是图片,文字或帖子内容。
</td>
</tr>
```

```
</tbody>
</table>
```

1）＜table＞的常用参数设定

例如：

```
<table width="400" border="1" cellspacing="2" cellpadding="2" align="center" valign="top"
background="myweb.gif" bgcolor="#0000ff" bordercolor="#cf0000" bordercolorlight="#
00ff00" bordercolordark="#00ffff">
```

"width＝"400""用于指定表格宽度，接受绝对值（如 width＝80）及相对值（width ＝80％）。

"border＝"1""用于指定表格边框的厚度，不同浏览器有不同的内定值。

"cellspacing＝"2""用于指定表格线的粗细。

"align＝"center""用于指定表格的摆放位置（水平），可选值为 left（居左），right（居右），center（居中）。

"valign＝"top""用于指定表格内容的对齐方式（垂直），可选值为 top，middle，bottom。

"background＝"myweb.gif""用于指定表格的背景图片，与 bgcolor 不要同用。

"bgcolor＝"#0000ff""用于指定表格的背景颜色，与 background 不要同用。

"bordercolor＝"#cf0000""用于指定表格边框颜色。

"bordercolorlight＝"#00ff00""用于指定表格边框向光部分的颜色。

"bordercolordark＝"#00ffff""用于指定表格边框背光部分的颜色，使用 bordercolorlight 或 bordercolordark 时，bordercolor 将会失效。

播放器宽度 width 和高度 height 的值根据需要自定。

2）图片格式

基本代码如下：

```
<img src="图片链接 URL 地址">
```

＜img＞称图形标记，主要用来标记插入图形。

3）文字设置

基本代码如下：

```
<p align=center> <font color=#0066ff face=隶书 size=5> 插入文字</font> </p>
```

"align＝center"表示字体居中，可选值为居右（right）、居左（left）。

"color＝#0066ff（颜色代码）"用于指定字体颜色。"face＝隶书"指定了字体。常用字体为宋体、黑体、楷体、仿宋、幻缘、新宋体、细明体等。

"size＝5"指定了字体大小，这里的最大值为 7，取值越大文字就越大。

4）加入音乐

常用属性如下：

"src＝"your.mid""设定 midi 档案及路径，可以是相对或绝对。

"autostart＝true"指定是否在音乐档下载完之后就自动播放。true 表示"是"，false"否"（内定值）。

"loop＝"true""指定是否自动反复播放。"loop＝2"表示重复两次，true 表示"是"，false "否"。

"hidden＝"true""指定是否完全隐藏控制画面，true 为"是"，no 为"否"（内定值）。

"starttime="分:秒""设定歌曲开始播放的时间。如 starttime="00:30" 表示从第 30 秒处开始播放。

"volume="0-100""设定音量的大小,数值是 0 到 100 之间。内定则使用系统本身的设定值。

"width="整数""和"high="整数""设定控制面板的高度和宽度。

"align="center""设定控制面板和旁边文字的对齐方式,其值可以是 top、bottom、center、baseline、left、right、texttop、middle、absmiddle、absbottom。

"controls="smallconsole""设定控制面板的外观。预设值是 console。

console 表示一般正常面板;

smallconsole 表示较小的面板;

playbutton 表示只显示播放按钮;

pausecutton 表示只显示暂停按钮;

stopbutton 表示只显示停止按钮;

volumelever 表示只显示音量调节按钮。

加入音乐的完整语法如下:

隐藏播放器:

```
<embed src="音乐文件地址" hidden=true autostart=true loop=true>
```

不隐藏播放器:

```
<embed src="音乐文件地址" width="" height="">
```

 思考练习

HTML 页面的主要元素有哪些? 分别有什么作用?

 拓展任务

试着在开发环境中模拟完成一个包含注册和登录的用户管理系统。

任务评价卡

任务编号	02-02	任务名称		创建新的 Web 项目		
任务完成方式	□小组协作　□个人独立完成					
项目	等级指标			自评	互评	师评
资料搜集	A. 能通过多种渠道搜集资料,掌握技术应用、特性。 B. 能搜集部分资料,了解技术应用、特性。 C. 搜集渠道单一,资料较少,对技术应用、特性不熟悉					

项目	等级指标	自评	互评	师评
操作实践	A.有很强的动手操作能力,实践方法取得显著成效。 B.有较强的动手操作能力,实践方法取得较好成效。 C.掌握基本动手操作能力,实践方法有一定成效			
成果展示	A.成果内容丰富,形式多样,且很有条理,能很好地解决问题。 B.成果内容较多,形式较简单,比较有条理,能解决问题。 C.成果内容较少,形式单一,条理性不强,能基本解决问题			
过程体验	A.熟练完成任务,理解并掌握本任务相关知识技能。 B.能完成任务,掌握本任务相关知识技能。 C.完成部分任务,了解本任务相关知识技能			
合计	其中 A 为 86~100 分,B 为 71~85 分,C 为 0~70 分。A 为优秀,B 为良好,C 为尚需加强操作练习			
任务完成情况	1.创建项目(优秀、良好、合格)。 2.实现表单网页(优秀、良好、合格)。 3.部署访问(优秀、良好、合格)			
存在的主要问题:				

JSP 页面由以下三类元素组成:JSP 标签、HTML 标记和 Java 程序片。JSP 标签控制 JSP 页面属性;HTML 标记创建用户界面;Java 程序片实现逻辑计算和逻辑处理。

服务器端处理添加留言的流程如下:

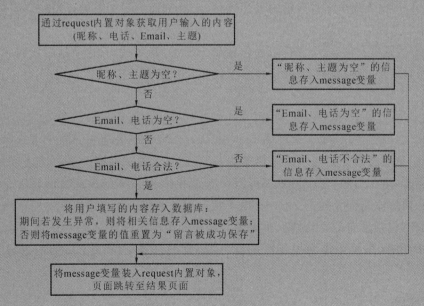

"以 BBS 论坛系统"为工作项目,通过实例项目主要学会 Java Web 中的基础知识,包括 HTML 基础、Java 基础、JSP 基本语法、JSP 内置对象。

项目 3 静态网站制作

一般不具备交互性的网站称为静态网站,网站的用户端使用 TCP/IP 连接到 Web 服务器,并使用 HTTP 产生请求。服务器向用户端发送一个已生成的 HTML 文档,此文档包含文本、超级链接和格式化标签。但不包含任何用户与服务器的交互等动态内容。在这种结构中,HTML 文档缺少变化,不向用户提供交互。

任务 1　HTML 排版

在网页设计的时候,HTML 用于控制客户端的界面,JavaScript 用来表现客户端操作的功能,编程语言用来表现服务端的功能。超文本传输协议规定了浏览器在运行 HTML 文档时需遵循的规则和进行的操作。HTTP 协议的制定使浏览器在运行超文本时有统一的规则和标准。用 HTML 编写的超文本文档称为 HTML 文档,它能独立于各种操作系统平台。自 1990 年以来,HTML 就一直被用作万维网的信息表示语言,使用 HTML 语言描述的文件,需要通过 Web 浏览器显示出效果。

HTML 可以表现出丰富多彩的设计风格,实现页面之间的跳转,展现多媒体效果。所谓"超文本",是因为它可以加入图片、声音、动画、影视等内容,事实上每一个 HTML 文档都是一种静态的网页文件,这个文件里面包含了 HTML 指令代码,这些指令代码并不是一种程序语言,它只是一种排版网页中资料显示位置的标记结构语言。

◆ 任务导入

论坛又名网络论坛 BBS,全称为 bulletin board system(公告板系统),是 Internet 上的一种电子信息服务系统。BBS 作为共享信息、互通交流的工具被大家广泛认可和接受,它提供一块公共电子白板,每个用户都可以在上面书写,可发布信息或提出看法。它是一种交互性强、内容丰富而及时的 Internet 电子信息服务系统。用户可以在专题论坛上获得各种信息服务,包括发布信息、讨论、聊天等。公司为了解决内部交流问题,想在内部网站上做一个 BBS 论坛系统。作为项目组的新人,小李的任务是完成论坛的需求设计和界面设计。

◆ 任务实施

1. 论坛系统的主要功能

根据论坛系统的需要,搭建一个实现交流信息的平台。平台的主要功能就是身份的安全验证,即主要完成系统登录用户的验证,禁止非法用户登录,赋予不同身份的用户以不同的权限。

（1）游客的权限：浏览查看帖子，留言。

（2）注册会员的权限：发表、修改帖子；回复帖子，删除回复；查看、修改个人信息；留言。

（3）版主的权限：发表、修改、删除帖子；回复帖子，删除回复；查看、修改个人信息；留言。

（4）管理员的权限：删除、修改用户信息，将会员设为版主或撤销版主；添加、修改、删除板块；发布、修改、删除公告；查看、删除留言；修改密码。用户使用流程图如图 3-1 所示，管理员管理流程如图 3-2 所示。

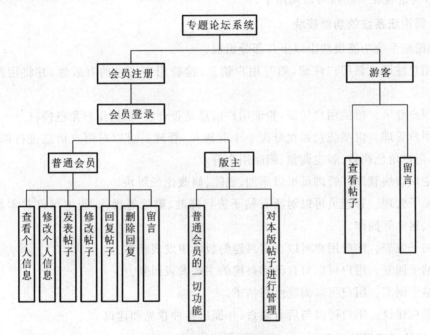

图 3-1　用户使用流程图

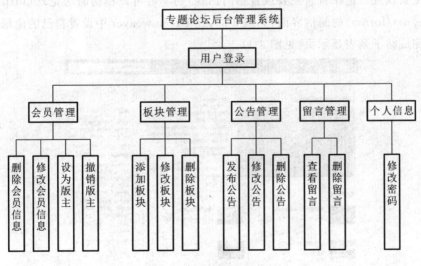

图 3-2　管理员管理流程图

2. 模块化设计

模块化设计的目的不仅仅是提高代码的重用性,更重要的是提高代码的可维护性和稳定性。一个模块化程度高、结构清晰的应用程序,在程序维护时的便利性是可想而知的。最初设计方案时,就要规划好哪些模块可以提出来多次使用,哪些模块虽只使用一次,但提出来之后能使代码更清晰。

实际操作中,经常将页面中一些常用代码编写为独立的单元,例如页面的头部和尾部、首页各个显示区,这样在设计新的页面时如果有重复出现的部分,只需要将编写好的模块用include 语句组装在一起就可以调用了。

3. 专题论坛系统的功能模块

专题论坛系统功能模块由以下几部分组成:

(1)用户注册。新用户注册,填写用户信息,检验用户信息的有效性,并将用户信息持久化。

(2)用户登录。提供用户凭证,验证用户信息是否合法,根据用户角色授权。

(3)用户管理。由系统初始化分配一个管理员,管理员可以对用户信息进行部分更改,主要包括用户角色调整、版主调整、删除用户等。

(4)论坛版块管理。管理员可以添加、删除、修改论坛版块。

(5)帖子管理。管理员可以对所有帖子进行修改、删除等操作,版主可以对本版块帖子进行修改、删除等操作。

(6)帖子发表。注册用户可以在感兴趣的版块中发表新帖。

(7)帖子回复。用户可以对自己感兴趣的主题发表回复。

(8)帖子浏览。用户可以浏览所有帖子。

(9)意见建议。用户可以与后台联系,并提出各种意见和建议。

4. 设计论坛系统的步骤

(1) 主页设置。论坛首页主要放置热门话题,初学者可以模仿磨房论坛(http://www.doyouhike.net/forum)的简洁界面(见图3-3),在 Dreamweaver 中设置自己的论坛页面。

(2) 完成帖子列表显示页(见图3-4)。

图3-3　论坛首页

图 3-4　帖子列表显示

（3）完成具体展示页面（见图 3-5）。

图 3-5　详情页

◆　知识链接

　　一般使用 HTML 标签创建用户界面，实现输入数据和展示数据。HTML 标记包括表单和组件。按照组件的不同作用，把组件分为三种类型：第一种类型组件是控件，控件的作用是提交或重置表单数据。第二种类型组件是数据输入组件。第三种类型组件是格式化组件。控件有两种：提交表单数据的控件和重置表单数据的控件。数据输入组件有文本框、密码框、复选框、单选框、列表框、文本区。格式化组件有 LABEL 组件和表格。LABEL 组件主要起说明作用,表格主要用于数据展示格式化。

1. 表单

表单本身是一个框架,它把提交控件、数据输入组件和格式化组件组合在一起,构成用户输入界面,其作用是利用提交控件,将表单中的数据(数据输入组件接收数据)提交给服务器。表单的基本语法如下:

```
<FORM  method=get/post  action="accept.jsp"  name="表单名字">
    [数据输入组件(1至多个组件)][格式化组件]
提交控件 [重置控件]
</FORM>
```

2. 文本框

一般来说,用户通过文本框输入各种数据。文本框的一般语法格式如下:

```
<input  type="text"  name="textname"  value="defaultvalue" size="lengthvalue"
align="left"/"center"/"right"  maxlength="inputvalue">
```

3. 密码框

密码框是一种特殊的文本框,输入的信息用"＊"回显,防止密码泄露。密码框的一般语法格式如下:

```
<input  type="password"  name="passwordname"  size="lengthvalue"  align="left"/
"center"/"right"  maxlength="inputvalue">
```

4. 复选框

当一个题目中可以选择多个答案时,就使用复选框。复选框的一般语法格式如下:

```
<input  type="checkbox"  name="checkboxname"  value="checkvalue"  align="top"/
"bottom"  checked="str">
```

5. 单选框

当一个题目中的答案只能多选一时,就使用单选框。单选框的一般语法格式如下:

```
<input  type="radio"  name="radioname"  value="radiovalue"  align="top"/"bottom"
checked="str">
```

6. 列表框

下拉式列表和滚动式列表框通过<select>和<option>标记来定义。列表框的基本格式如下:

```
<select  name="listname"  size="showrows">
<option  value="value1">
<option  value="value2">
……
<option  value="valuen"  selected>
</select>
```

7. 文本区

该组件在表单中指定一个能输入多行文本的文本区。文本区的语法格式如下:

```
<textarea  name="textareaname"  rows="showrows"  cols="showcols">
</textarea>
```

8. 表格

表格经常用于对显示信息和输入信息的格式进行排版。表格的基本语法格式如下：

```
<table>
<tr>
<td> 数据 11  </td> …<td> 数据 1n  </td>
……
</tr>
……
</table>
```

9. 提交、重置数据的控件

当用户按下该控件后，表单所包含的数据被提交到服务器。提交控件的基本语法格式如下：

```
<input  type="submit"    value="提交">
<input  type="reset"     value="清除">
```

> **注意：**
>
> （1）<%%>不能嵌套使用，例如：
>
> ```
> <%
> String a="Welcome";
> <%=a%>
> %>
> ```
>
> 就会出现错误。
>
> （2）在<%%>之间不能插入 HTML 语言，例如：
>
> ```
> <%
> <p> Welcome</p>
> %>
> ```
>
> 就会出现错误。
>
> （3）JSP 标签都要成对使用，刚开始设计的时候很容易犯这个错误，要特别留意。
>
> （4）标签的每个属性的值要用""引用。
>
> 例如：<jsp：include page＝"welcome.jsp"/>
>
> （5）重定向与超链接的区别：a 页重定向到 b 页，是在 a 页显示 b 页内容；a 页超链接 b 页，是转到 b 页。
>
> （6）ISO 8859-1 包括了书写所有西方语言不可缺少的附加字符，而 GB 2312 是标准中文字符集。如果页面要显示中文，charset 要设置为 GB 2312。
>
> （7）学习 JSP 之前，最好有一定的 HTML 基础。
>
> （8）需要用到表单提交信息时，表单属性 action 要设置被提交的页面，例如：action＝"welcome.jsp"，如果不设置，则提交给本页。
>
> （9）表单提交数据 get 与 post 的区别。
>
> 两者都能实现提交数据，get 会重写，把提交的数据加到 URL 地址上，所以提交的数据不能超过 2 KB；post 直接提交数据，没有限制提交的数据量。

思考练习

论坛的主要功能模块如何划分效率更高？

 拓展任务

设计个人主页论坛界面。

任务评价卡

任务编号	03-01		任务名称	论坛网站设计实现		
任务完成方式	□小组协作 □个人独立完成					
项目	等级指标			自评	互评	师评
资料搜集	A.能通过多种渠道搜集资料,掌握技术应用、特性。 B.能搜集部分资料,了解技术应用、特性。 C.搜集渠道单一,资料较少,对技术应用、特性不熟悉					
操作实践	A.有很强的动手操作能力,实践方法取得显著成效。 B.有较强的动手操作能力,实践方法取得较好成效。 C.掌握基本动手操作能力,实践方法有一定成效					
成果展示	A.成果内容丰富,形式多样,且很有条理,能很好地解决问题。 B.成果内容较多,形式较简单,比较有条理,能解决问题。 C.成果内容较少,形式单一,条理性不强,能基本解决问题					
过程体验	A.熟练完成任务,理解并掌握本任务相关知识技能。 B.能完成任务,掌握本任务相关知识技能。 C.完成部分任务,了解本任务相关知识技能					
合计	其中 A 为 86~100 分,B 为 71~85 分,C 为 0~70 分。A 为优秀, B 为良好,C 为尚需加强操作练习					
任务完成情况	1.创建项目(优秀、良好、合格)。 2.实现论坛网页(优秀、良好、合格)。 3.部署访问(优秀、良好、合格)					
存在的主要问题:						

任务 2 JavaScript

◆ 任务导入

添加留言客户端验证，如图 3-6 所示。

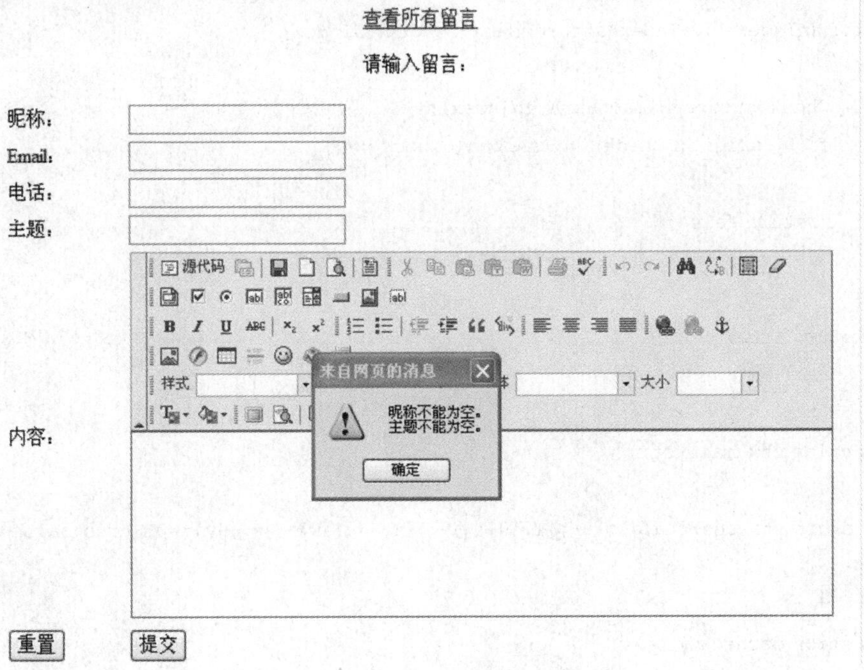

图 3-6　客户验证

◆ 任务实施

1. 用户注册页面 JavaScript 代码

用户注册信息部分代码：

```
<%@page contentType="text/html; charset=gb2312" language="java"%>
<!DOCTYPE HTML PUBLIC "-//W3C//DTD HTML 4.01 Transitional//EN" "http://www.w3.org/TR/
html4/loose.dtd">
<html>
<head>
<meta http-equiv="Content-Type" content="text/html; charset=gb2312">
<title> 用户注册</title>
<script language="javascript">
function IsDigit(cCheck)
{
  return (('0'<=cCheck) && (cCheck<='9'));
}
```

```javascript
function IsAlpha(cCheck)
{
  return ((('a'<=cCheck) && (cCheck<='z')) || (('A'<=cCheck) && (cCheck<='Z')))
}

function IsValid()
{
  var struserName=reg.UserName.value;
  for (nIndex=0; nIndex<struserName.length; nIndex++)
  {
    cCheck=struserName.charAt(nIndex);
    if (!(IsDigit(cCheck) || IsAlpha(cCheck)))
    {
      return false;
    }
  }
  return true;
}

function chkEmail(str)
{
  return str.search(/[\w\- ]{1,}@[\w\- ]{1,}\.[\w\- ]{1,}/)==0? true:false
}

function docheck()
{
  if(reg.UserName.value=="")
  {
    alert("请填写用户名");
    return false;
  }
  else if(!IsValid())
  {
    alert("用户名只能使用字母和数字");
    return false;
  }
  else if(reg.UserPassword.value=="")
  {
    alert("请填写密码");
    return false;
  }
  else if(reg.UserPassword.value !=reg.CUserPassword.value)
  {
    alert("两次密码不一致");
    return false;
```

```
      }
    else if(reg.NickName.value =="")
    {
      alert("请填写昵称");
      return false;
    }
    else if(reg.Email.value =="")
    {
      alert("请填写邮箱");
      return false;
    }
    else if(!chkEmail(reg.Email.value))
    {
      alert("请填写有效的 Email 地址");
      return false;
    }
    else
    {
      return true;
    }
}
</script>

<STYLE type=text/css>
td, th {
font-family: Arial, Helvetica, sans-serif;
font-size: 14px;
line-height: 24px;
color: #333333;
}
</STYLE>
</head>

<body>
<h1 align="center"> 用户注册</h1>
<div align="center">
<form name="reg" action="user_add.jsp" method="post" target="_self" onSubmit="return
docheck()">
<table width="90%" border="0">
<tr>
<td width="50%" align="right" height="25"> <font face="Arial, Helvetica, sans-serif"> 请输
入要注册的用户名:</font> </td>
<td width="50%" align="left" height="25">
<input type="text" name="UserName">
```

```html
<br>
<font color="red"> 用户名只能由字母和数字组成</font>
</td>
</tr>
<tr>
<td width="50%" align="right" height="25"> 请输入密码:</td>
<td width="50%" align="left" height="25"> <input type="password" name="UserPassword">
</td>
</tr>
<tr>
<td width="50%" align="right" height="25"> 请输入确认密码:</td>
< td width =" 50%" align =" left" height =" 25" >  < input type =" password" name =
"CUserPassword"> </td>
</tr>
<tr>
<td width="50%" align="right" height="25"> 请输入昵称:</td>
<td width="50%" align="left" height="25"> <input type="text" name="NickName"> </td>
</tr>
<tr>
<td width="50%" align="right" height="25"> 请选择性别:</td>
<td width="50%" align="left" height="25"> <input type="radio" name="Sex" value="0"
checked> 男 <input type="radio" name="Sex" value="1"> 女</td>
</tr>
<tr>
<td width="50%" align="right" height="25"> 请输入 Email 地址:</td>
<td width="50%" align="left" height="25"> <input type="text" name="Email"> </td>
</tr>
</table>
<p>
<input type="submit" name="sub" value="注册">
<input type="reset" name="res" value="重填">
</p>
</form>
</div>
</body>
</html>
```

2. 用户登录验证页面 JavaScript 代码

用户登录验证页面部分代码:

```html
<!DOCTYPE HTML PUBLIC "- //W3C// DTD HTML 4.01 Transitional// EN">
<html>
  <head>
    <title> Login.html</title>
```

```html
<meta http-equiv="keywords" content="keyword1,keyword2,keyword3">
<meta http-equiv="description" content="this is my page">
<meta http-equiv="content-type" content="text/html; charset=UTF-8">

<!- - <link rel="stylesheet" type="text/css" href="./styles.css"> - - >
<script type="text/javascript">
  function checkuser()
  {
    if($ ('uname' =="lala") && $ ('pwd') =="123")
    {
      return true;
    }
    else
    {
      return false;
    }
  }

  function $ (id)
  {
    return document.getElementById(id).value;
  }
 </script>
</head>

<body>
  <form action="ok.html">
    u:<input type="text" id="uname"/> <br>
    p:<input type="password" id="pwd"/> <br>
    <input type="submit" value="登录" onclick="return checkuser()"/>
  </form>
</body>
</html>
```

◆ 知识链接

1. JavaScript 的基本特点和基本用途

JavaScript 是一种高级的、多范式、解释型的编程语言,是一门基于原型、函数先行的语言,它支持面向对象编程、命令式编程以及函数式编程。它的解释器被称为 JavaScript 引擎,是浏览器的一部分,广泛用于客户端的脚本语言,最早是在 HTML(超文本标记语言)网页上使用,用来给 HTML 网页增加动态功能。

JavaScript 由 Netscape 公司的 Brendan Eich 在网景导航者浏览器上于 1995 年首次设

计实现。因为 Netscape 与 Oracle 公司合作,Netscape 管理层希望它外观看起来像 Java,因此取名为 JavaScript。但实际上它的语法风格与 Self 及 Scheme 较为接近。

1)基本特点

JavaScript 是一种属于网络的脚本语言,已经被广泛用于 Web 应用开发,常用来为网页添加各式各样的动态功能,为用户提供更流畅美观的浏览界面。通常 JavaScript 脚本是通过嵌入 HTML 页面中来实现自身的功能的。JavaScript 的基本特点如下:

(1)是一种解释性脚本语言(代码不进行预编译)。

(2)主要用来向 HTML 页面添加交互行为。

(3)可以直接嵌入 HTML 页面,但写成单独的.js 文件有利于结构和行为的分离。

(4)跨平台特性,在绝大多数浏览器的支持下,JavaScript 可以在多种平台下运行(如 Windows、Linux、Mac、Android、iOS 等)。

JavaScript 脚本语言同其他语言一样,有它自身的数据类型、表达式、算术运算符及程序的基本框架。Javascript 提供了四种基本数据类型和两种特殊数据类型,可以处理数据和文字。变量提供存放信息的地方,表达式则可以完成较复杂的信息处理。

2)基本用途

(1)为 HTML 页面嵌入动态文本。

(2)对浏览器事件做出响应。

(3)读写 HTML 元素。

(4)在数据被提交到服务器之前验证数据。

(5)检测访客的浏览器信息。

(6)控制 cookies,包括创建和修改等。

(7)基于 Node.js 技术进行服务器端编程。

2. JavaScript 对象的 Window 对象

frames 表示当前窗口中所有 frame 对象的数组。

status 表示浏览器的状态行信息。

defaultstatus 表示浏览器的状态行信息。

history 表示当前窗口的历史记录,这可以引用在网页导航中。

closed 表示当前窗口是否关闭的逻辑值。

document 表示当前窗口中显示的当前文档对象。

location 表示当前窗口中显示的当前 URL 的信息。

name 表示当前窗口对象的名字。

opener 表示打开当前窗口的父窗口。

parent 表示包含当前窗口的父窗口。

self 表示当前窗口。

length 表示当前窗口中的帧个数。

open(url,window name,[window features])表示创建一个新的浏览器窗口。

close()表示关闭一个浏览器窗口。

alert(message)表示弹出一个警示对话框。

confirm(message)表示弹出一个确认对话框。

prompt(message,defaultmessage)表示弹出一个提示对话框。

print()相当于浏览器工具栏中的打印按钮。

blur()将被引用窗口放到所有其他打开窗口的后面。

focus()将被引用窗口放到所有其他打开窗口的前面。

moveTo(x,y)将窗口移到指定的坐标处,x 和 y 的单位为像素。

resizeBy(horiz,vert)按照给定的位移量重新设定窗口的大小,horiz 和 vert 以像素为单位。

scroll(x,y) 将窗口滚动到指定的坐标位置。

scrollBy(horiz,vert) 按照给定的位移量滚动窗口。

setTimeout(expression,time) 设置在一定时间后自动执行 expression 代表的代码。

setInterval(expression,time,[args]) 设置一个时间间隔,使 expression 代码可以周期性地被执行。

clearTimeout(timer) 取消由 setTimeout 设定的定时操作。

clearInterval(timer) 取消由 setInterval 设定的定时操作。

Window features 的参数如下:

height 定义以像素为单位的窗口的高度。

width 定义以像素为单位的窗口的宽度。

left 定义以像素为单位的窗口距离屏幕左边的位置。

top 定义以像素为单位的窗口距离屏幕顶部的位置。

toolbar 定义是否有标准工具栏。

location 定义是否显示 URL。

directories 定义是否显示目录按钮。

status 定义是否有状态栏。

menubar 定义是否有菜单栏。

scrollbars 定义当文档内容长度大于窗口长度时是否有滚动条。

resizable 定义窗口大小是否可以改变。

outerheight 定义以像素为单位的窗口外部高度。

outerwidth 定义以像素为单位的窗口外部宽度。

3. JavaScript 里的常量和变量

1) 常量

常量是 JavaScript 中的固定值,它们在程序中是不发生变化的,为程序提供固定的、精确的值(包括数值和字符串)。

常量有 3 种类型:整型、浮点型和字符型。

常量在程序中定义后便会在计算机中一定的位置存储下来,在该程序没有结束之前,它是不发生变化的。

2) 变量

变量是在程序中可以赋值的量,这种量的值可以在程序运行时发生变化。可以说,正是因为有了变量,我们的编程才变得有意义。变量的实质是,提供一种在程序中执行临时存储数据的机制。

JavaScript 规定通过关键字 var 后面加上变量的名称来声明一个变量。例如:

"var a;"声明一个叫 a 的变量。

"var a＝10;"声明一个叫 a 的变量，并给它赋值 10。

"var a,b,c;"同时声明 3 个变量。

变量的生存期是指变量在计算机中存在的有效时间。从编程的角度来说,可以简单地理解为该变量所赋的值在程序中的有效范围。JavaScript 中变量按生存期分有两种:全局变量和局部变量。

全局变量在主程序中定义,其有效范围从其定义开始,到本程序结束为止。局部变量在程序的函数中定义,其有效范围只有在该函数之中;当函数结束后,局部变量生存期也就结束了。

4. JavaScript Eval 函数

功能:先解释 JavaScript 代码,然后执行。

用法:eval(codeString)。

codeString 是包含有 JavaScript 语句的字符串,在 eval 之后使用 JavaScript 引擎编译。

注释:

例如:eval(id＋"_icon.src=′/imgs/collapse_up.gif");

id 是已设定的参数,而在双引号中的字符串是需要编译的。

引用:

```
function tophide(id)      // id indicates menu
{
    if (top.topframeset.rows =="31,* ")
    {
        top.topframeset.rows="86,* ";
        eval(id+"_icon.src='/imgs/collapse_up.gif'");
        eval(id+"_icon.alt='Collapse The Head'");
        head.style.display="block"
    }
    else
    {
        top.topframeset.rows="31,* ";
        eval(id+"_icon.src='/imgs/collapse_down.gif'");
        eval(id+"_icon.alt='Expand The Head'");
        head.style.display="none"
    }
}
```

5. 用 JavaScript 脚本实现 Web 页面信息交互

要实现动态交互,必须掌握有关窗体对象(form)和框架对象(frame)更为复杂的知识。

1) 窗体基础知识

窗体对象可以使设计人员能用窗体中不同的元素与客户机用户交互,而不用首先输入数据,即窗体对象可以实现动态改变 Web 文档的行为。

(1) 什么是窗体对象? 窗体(form)是构成 Web 页面的基本元素。通常一个 Web 页面有一个或几个窗体,使用 forms[] 数组来实现不同窗体的访问。

```
<form Name=Form1>
<input type=text...>
<input type=text...>
<input type=text...>
</form>
<form Name=Form2>
<input type=text...>
<input type=text...>
</form>
```

在 Forms[1]中共有三个基本元素,而 Forms[2]中只有两个元素。

窗体对象最主要的功能就是能够直接访问 HTML 文档中的窗体,它封装了相关的 HTML 代码:

```
<form
Name ="表的名称"
Target ="指定信息的提交窗口"
action ="接收窗体程序对应的 URL"
Method ="信息数据传送方式(get/post)"
enctype ="窗体编码方式"
[onsubmit ="JavaScript代码"]>
</form>
```

(2) 窗体对象的方法。窗体对象的方法只有一个——submit()方法,该方法主要功用就是实现窗体信息的提交。如提交 mytest 窗体,则使用下列格式:

```
document.mytest.submit()
```

(3) 窗体对象的属性。窗体对象中的属性主要包括 elements、name、action、target、encoding、method 等。

除 elements 外,其他几个均反映了窗体标识中相应属性的状态,它们通常是单个窗体标识;而 elements 常常是多个窗体元素值的数组,例如:

```
elements[0].Mytable.elements[1]
```

(4) 访问窗体对象。在 JavaScript 中访问窗体对象可由两种方法实现:

一是通过窗体名访问窗体:在窗体对象的属性中首先指定其窗体名,然后就可以通过下列标识访问窗体,如:

```
document.Mytable()
```

二是通过窗体对象数组来访问窗体:除了使用窗体名来访问窗体外,还可以使用窗体对象数组来访问窗体对象。但需要注意一点,因窗体对象是由浏览器环境提供的,而浏览器环境所提供的数组下标是由 0 到 n。所以可通过下列格式实现窗体对象的访问:

```
document.forms[0]
document.forms[1]
document.forms[2]...
```

(5) 引用窗体的先决条件。在 JavaScript 中要对窗体引用的条件是,必须先在页面中用标识创建窗体,并将定义窗体部分放在引用之前。

2）窗体中的基本元素

窗体中的基本元素由按钮、单选按钮、复选按钮、提交按钮、重置按钮、文本框等组成。

在 JavaScript 中要访问这些基本元素，必须通过对应特定的窗体元素的数组下标或窗体元素名来实现。元素主要是通过该元素的属性或方法来引用。其引用的基本格式如下：

```
formName.elements[].methodName(窗体名.元素名或数组.方法)
formName.elements[].propertyName(窗体名.元素名或数组.属性)
```

（1）Text 单行单列输入元素。

功能：对 Text 标识中的元素实施有效的控制。

基本属性：

Name：设定提交信息时的信息名称，对应于 HTML 文档中的 Name。

Value：用以设定出现在窗口中对应 HTML 文档中 Value 的信息。

defaultvalue：元素的默认值。

基本方法：

blur()：将当前焦点移到后台。

select()：加亮文字。

主要事件：

onFocus：当 Text 元素获得焦点时，产生该事件。

onBlur：当 Text 元素失去焦点时，产生该事件。

onSelect：当 Text 元素被加亮显示后，产生该事件。

onChange：当 Text 元素值改变时，产生该事件。

例如：

```
<form name="test">
<input type="text" name="test" value="this is a JavaScript">
</form>
...
<script language ="JavaScirpt">
document.mytest.value="that is a JavaScript";
document.mytest.select();
document.mytest.blur();
</script>
```

（2）Textarea 多行多列输入元素。

功能：对 Textarea 中的元素实施有效的控制。

基本属性：

Name：设定提交信息时的信息名称，对应 HTML 文档中 Textarea 的 Name。

Value：用以设定出现在窗口中对应 HTML 文档中 Value 的信息。

defaultvalue：元素的默认值。

基本方法：

blur()：将当前焦点移到后台。

select()：加亮文字。

主要事件：

onBlur：当 Textarea 元素失去输入焦点后，产生该事件。

onFocus：当 Textarea 元素获得焦点时，产生该事件。

onChange：当 Textarea 元素内容改变时，产生该事件。

onSelect：当 Textarea 元素加亮显示后，产生该事件。

（3）Select 选择元素。

功能：实施对滚动选择元素的控制。

基本属性：

Name：设定提交信息时的信息名称，对应 HTML 文档 Select 中的 Name。

Length：对应 HTML 文档 Select 中的 Length。

options：组成多个选项的数组。

selectIndex：获取当前选择项的索引号。

在 Select 中每一选项都含有以下属性：

Text：选项对应的文字。

selected：指明当前选项是否被选中。

Index：指明当前选项的位置。

defaultselected：默认选项。

主要事件：

onBlur：当 Select 选项失去焦点时，产生该事件。

onFocus：当 Select 获得焦点时，产生该事件。

onChange：选项状态改变后，产生该事件。

（4）Button 按钮。

功能：实施对 Button 按钮的控制。

基本属性：

Name：设定提交信息时的信息名称，对应 HTML 文档中 Button 的 Name。

Value：用以设定出现在窗口中对应 HTML 文档中 Value 的信息。

基本方法：

click()：类似于一个按下的按钮。

主要事件：

onClick：单击 Button 按钮时，产生该事件。

例如：

```
<form name="test">
<input type="button" name="testcall" onclick=mytest()>
</form>
...
<script language="JavaScirpt">
document.elements[0].value="mytest"; //通过元素访问
或
document.testcallvalue="mytest"; //通过名字访问
</script>
.....
```

(5) checkbox 检查框。

功能：实施对一个具有复选框中元素的控制。

基本属性：

Name：设定提交信息时的信息名称，对应 HTML 文档 Select 中的 Name。

Value：用以设定出现在窗口中对应 HTML 文档中 Value 的信息。

Checked：该属性指明文本框的状态 true/false。

defaultchecked：默认状态。

基本方法：

click()：使文本框的某一个选项被选中。

主要事件：

onClick：当文本框的选项被选中时，产生该事件。

(6) radio 无线按钮。

功能：对一个具有单选功能的无线按钮实施控制。

基本属性：

Name：设定提交信息时的信息名称，对应 HTML 文档中 Radio 的 Name。

Value：用以设定出现在窗口中对应 HTML 文档中 Value 的信息。

Length：指定单选按钮中的按钮数目。

defaultchecked：默认按钮。

checked：指明按钮选中的状态。

Index：选中的按钮的位置。

基本方法：

chick()：选定一个按钮。

主要事件：

onClick：单击按钮时，产生该事件。

(7) hidden 隐藏。

功能：对一个具有不显示文字并能输入字符的区域元素实施控制。

基本属性：

Name：设定提交信息时的信息名称，对应 HTML 文档中 hidden 的 Name。

Value：用以设定出现在窗口中对应 HTML 文档中 Value 的信息，对应 HTML 文档 hidden 中的 Value。

defaultvalue：默认值。

(8) Password 口令。

功能：对具有口令输入的元素实施控制。

基本属性：

Name：设定提交信息时的信息名称，对应 HTML 文档中 password 的 Name。

Value：用以设定出现在窗口中对应 HTML 文档中 Value 的信息，对应 HTML 文档 password 中的 Value。

defaultvalue：默认值。

基本方法：

select()：加亮输入口令域。

blur()：使丢失 password 输入焦点。

focus()：获得 password 输入焦点。

（9）submit 提交元素。

功能：实施对一个具有提交功能按钮的控制。

基本属性：

Name：设定提交信息时的信息名称，对应 HTML 文档中 submit 的 Name。

Value：用以设定出现在窗口中对应 HTML 文档中 Value 的信息，对应 HTML 文档 submit 中的 Value。

基本方法：

click()：相当于按下 submit 按钮。

主要事件：

onClick：当按下该按钮时，产生该事件。

3）范例

下面我们演示通过单击一个按钮（red）来改变窗口颜色，单击"调用动态按钮文档"调用一个动态文档。

```
test3_2_1.htm
<html>
<head>
<script language="JavaScript">
//原来的颜色
document.bgColor="blue";
document.vlinkColor="white";
document.linkColor="yellow";
document.alinkColor="red";
//动态改变颜色
function changecolor(){
document.bgColor="red";
document.vlinkColor="blue";
document.linkColor="green";
document.alinkColor="blue";
}
</script>
</head>
<body bgColor="White" >
<A href="test3_2_2.htm"> 调用动态按钮文档</a>
<form >
<Input type="button" Value="red" onClick="changecolor()">
</form>
</body>
</html>
```

点击"调用动态按钮文档"超链接跳转到新的网页 test3_2_2.htm。

```html
test3_2_2.htm
<html>
<head>
</head>
<body>
<p align="center"> </p>
<div align="center"> <center>
<table border="0" cellspacing="0" cellpadding="0">
<tr>
<td width="100%"> <form name="form2" onSubmit="null">
<p> <input type="submit" name="banner" value="Submit"
onClick="alert('You have to put an \'action=[url]\' on the form
tag!!')"> <br>
<script language="JavaScript">
var id,pause=0,position=0;
function banner()
{
  // variables declaration
  var i,k,msg="这里输入你要的内容";// increase msg
  k=(30/msg.length)+1;
  for(i=0;i<=k;i++) msg+=" "+msg;
  // show it to the window
  document.form2.banner.value=msg.substring(position,position-30);
  // set new position
  if(position++==msg.length) position=0;
  // repeat at entered speed
  id=setTimeout("banner()",60);
}
// end - - >
banner();
</script> </p>
</form>
</td>
</tr>
</table>
</center> </div>
<p> </p>
<a href="test3_2_1.htm"> 返回</a>
</body>
</html>
```

本任务介绍了使用 JavaScript 脚本实现 Web 页面信息交互的方法。其中主要介绍了窗体中基本元素的主要功能和使用。

 思考练习

思考 JavaScript 功能作用。

 拓展任务

为了让论坛看上去更生动活泼,请添加更多的 JavaScript 动态效果。

任务评价卡

任务编号	03-02		任务名称	留言板设计实现		
任务完成方式	□小组协作 □个人独立完成					
项目	等级指标			自评	互评	师评
资料搜集	A.能通过多种渠道搜集资料,掌握技术应用、特性。 B.能搜集部分资料,了解技术应用、特性。 C.搜集渠道单一,资料较少,对技术应用、特性不熟悉					
操作实践	A.有很强的动手操作能力,实践方法取得显著成效。 B.有较强的动手操作能力,实践方法取得较好成效。 C.掌握基本动手操作能力,实践方法有一定成效					
成果展示	A.成果内容丰富,形式多样,且很有条理,能很好地解决问题。 B.成果内容较多,形式较简单,比较有条理,能解决问题。 C.成果内容较少,形式单一,条理性不强,能基本解决问题					
过程体验	A.熟练完成任务,理解并掌握本任务相关知识技能。 B.能完成任务,掌握本任务相关知识技能。 C.完成部分任务,了解本任务相关知识技能					
合计	其中 A 为 86~100 分,B 为 71~85 分,C 为 0~70 分。A 为优秀, B 为良好,C 为尚需加强操作练习					
任务完成情况	1.创建项目(优秀、良好、合格)。 2.实现留言网页(优秀、良好、合格)。 3.部署访问(优秀、良好、合格)					
存在的主要问题:						

项目 4 动态 JSP 对象添加

在传统的 HTML 页面文件中加入 Java 程序片和 JSP 标签构成了一个 JSP 页面文件。一个完整 JavaWeb 页面可以由以下五种元素组成：

普通 HTML 标记符；

JSP 标签，包括指令标签和动作标签；

变量和方法的声明；

Java 程序片；

Java 表达式。

任务1 JSP 指令

可以把 JSP 理解为用来通知 JSP 引擎的消息。JSP 不直接生成可见的输出，用 JSP 指令设置 JSP 引擎处理 JSP 页面的机制。

一般 JSP 指令用标签<%@…%>表示，JSP 指令包括 page、include 和 taglib。page 指令是针对当前页面的指令，而 include 指令用来指定如何包含另外一个文件，taglib 指令用来定义和访问自定义标记库。这三种指令通常都有默认值，这样开发人员就不必显式地使用每一个指令予以确认。

◆ 任务导入

实现在 JSP 页面中加载 logo.html 静态页面文件，加载 sample1.jsp 和 sample2.jsp 动态页面文件。通过实践能够正确运用加载指令(include)将 HTML 文件或 JSP 页面嵌入另一个 JSP 页面中，从而实现代码的重用。进一步熟悉 page 指令属性，了解 taglib 指令。

◆ 任务实施

JSP 指令并不生成代码，它们只是为容器提供指导和指示，告诉容器如何完成 JSP 处理的某些方面。JSP 指令的一般语法格式：

```
<%directive {attr="value"} *%>
```

在 JSP 中用 include 指令包含(调用)一个静态文件相当于在一般的 Java 类中调用其他类或其他包的类文件，同时解析这个文件中 JSP 语句。

<%@ include%>指令将会在 JSP 编译时插入一个包含文本或代码的文件，当使用<%@ include%>指令时，这个包含的过程就是静态的，静态的包含就是指这个被包含的文件将会被插入当前 JSP 文件中。

　　CommonJSP. jsp 将一些常用的变量、方法、类的声明存储在这里,相当于 Windows 编程下的一个公用类,只需用 include 指令调用该文件,方便在多个 JSP 文件中使用这些公用的变量、方法、类。

1. 包含的文件是 JSP 文件

　　包含的文件是 JSP 文件时,这个包含的 JSP 文件的代码将会被执行,相当于将包含文件中定义的 JSP 代码插入当前 JSP 文件中。

　　测试代码:

```
<%!
  public String getStr(String str)
  {
   try
   {
    String temp_p=str;
    byte[] temp_t=temp_p.getBytes("ISO8859-1");
    String temp=new String(temp_t);
    return temp;
   }
   catch(Exception e)
   {
   }
   return "null";
  };
%>
<%!
   public static class foo
   {
    private   static String myname;
    public   static void setName(String name)
    {
      myname=name;
    }
    public   static String getName()
    {
      return myname;
    }
   };
%>
```

> **注意:**
> 　　在这个包含文件中尽量不使用<html></html>、<body></body>标记,因为这些将会影响原
> JSP 文件中同样的标记,以致出现错误。

```
<%@ page language="java" contentType="text/html; charset=UTF-8"
        pageEncoding="UTF-8"
%>
<html>
<head>
<meta http-equiv="Content-Type" content="text/html; charset=UTF-8">
<title>MyFirstJSP</title></head>
<body style="width: 960px; height: 426px"><%----%>
<!--HTML 注释-->
<!--HTML 注释--\>-->
<%--JSP 注释--%>
<%--JSP 注释--\>-%>
<h2>当前时间:</h2><br>
<%=(new java.util.Date().toLocaleString()) %><br>
<%@  include file="CommonJSP.jsp" %>
<%
    String name=null;
    if (request.getParameter("name") ==null) {
%>
<%@  include file="MyFirstJSP.jsp" %>
<%    }
    else {
      foo.setName(request.getParameter("name"));
      if (foo.getName().equalsIgnoreCase("HUT")) {
          name="hngydx";
          }
          else name="hn";
}
%>
<%=name %>
</body>
</html>
```

2. 包含的文件是 HTML 文件

包含的文件是 HTML 文件时,HTML 文件的内容将会插入当前 JSP 文件存储＜％＠include％＞指令的地方。

测试代码:

```
<%@  page language="java" contentType="text/html; charset=UTF-8"
    pageEncoding="UTF-8" %>
<html>
<head>
<meta http-equiv="Content-Type" content="text/html; charset=UTF-8">
<title>MyFirstJSP</title>
```

```
</head>
<body>
<h2>导入了一个 HTML 文件</h2>
<%@  include file="setup.html" %>
</body>
</html>
```

3. 包含的文件是文本文件

包含的文件是文本文件时,文本文件的内容将会插入当前 JSP 文件存储<%@ include%>指令的地方。

测试代码:

```
<%@  page language="java" contentType="text/html; charset=UTF-8"
        pageEncoding="UTF-8" %>
<jsp:directive.page import="org.apache.jsp.CommonJSP_jsp;"/>
<!DOCTYPE html PUBLIC "-//W3C//DTD HTML 4.01 Transitional//EN"
"http://www.w3.org/TR/html4/loose.dtd">
<html>
<head>
<meta http-equiv="Content-Type" content="text/html; charset=UTF-8">
<title>MyFirstJSP</title>
</head>
<body>
<h2>导入了一个文本文件</h2>
<%@  include file="/WEB-INF/src/Test.txt" %>
</body>
</html>
```

◆ **知识链接**

JSP 就是把 Java 代码嵌套在 HTML 中,所以 JSP 程序的结构可以分为两大部分:一部分是静态的 HTML 代码;另一部分是动态的 Java 代码和 JSP 自身的标签和指令。当 JSP 页面第一次被请求时,服务器的 JSP 编译器会把 JSP 页面编译成对应的 Java 代码,根据动态 Java 代码执行的结果,生成对应的纯 HTML 字符串并返回给浏览器,这样就可以把动态程序的结果展示给用户。

JSP 页面的构成,如图 4-1 所示。

1. 注释

JSP 页面中包含三种注释:HTML 注释、JSP 隐藏注释、Java 语言注释。

HTML 格式注释(客户端注释)主要是用于在客户端动态地显示一个注释,格式是:<!－－注释内容[<%＝expression%>]－－>,可通过查看 html 源代码看到。

JSP 代码注释(服务器端注释)也叫 JSP 隐藏注释,在 JSP 源代码中,它不会被 JSP 引擎处理,也不会在客户端的 Web 浏览器上显示,格式是:<%－－注释内容 －－%>。

Java 语言注释和 Java 中的注释一样,不过需写在<%%>内。Java 语言注释有单行注释和多行注释。例如<% //单行注释内容 %>、<% /＊多行注释内容 ＊/ %>。

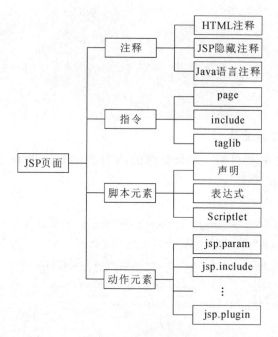

图 4-1　JSP 页面构成

2. 指令

在 JSP 中，指令主要用来与 JSP 引擎进行沟通，并为 JSP 页面设置全局变量、声明类以及 JSP 要实现的方法和输出内容的类型等。需要注意的是，指令元素在 JSP 整个页面范围内有效，并且它不在客户端产生任何输出。使用指令的格式如下：

```
<% @ 指令名属性 1="值 1" 属性 2="值 2" … %>
```

JSP 包括三种指令：page 指令、include 指令和 taglib 指令。

1）page 指令

定义与 JSP 页面相关的属性，并和 JSP 引擎进行通信。一个 JSP 页面可以包含多个 page 指令，指令之间是相互独立的，并且指令中除 import 属性之外的每个属性只能定义一次，否则 JSP 页面的编译过程将出现错误。

page 指令可以运用于整个 JSP 文件，一般来说，page 指令可以放在 JSP 页面的任何位置，但为了便于程序的阅读和规范格式，通常将 page 指令放在 JSP 页面的开始部分。

例如：<%@ page language= "java" import= "java. util. * " pageEncoding= "utf−8"%>

下面是 page 指令格式：

```
<%@ page
[language="java"]
[extends="classname"]
[import="packname/classname"]
[session="true/false"]
[buffer="none/sizekb"]
[autoFlush="true/false"]
[info="info_text"]
[errorPage="error_url"]
```

```
[isErrorPage="true/false"]
[contentType="MIME_type"]
[pageEncoding="  "]
%>
```

这个 page 指令格式由多个属性名＝"属性值"对构成,通过这种方式设置页面的属性。

(1) language 属性。用来设置 JSP 网页使用的程序语法,目前 JSP 只支持 Java 语言。

(2) extends 属性。设置 JSP 程序解释成 Servlet 后所继承的父类,一般不需要设置。

(3) import 属性。加载非默认的 Java 包或类,如 JavaBean 等。

(4) session 属性。值可以为 true 或 false,用来设置 JSP 网页是否使用内建的 session 对象与功能,默认值为 true。

(5) buffer 属性。设置 JSP 网页使用的缓冲区大小,此属性的默认值为 8kb,设置时可以是 auto,或设置为大于 8kb 的值。

(6) autoFlush 属性。值为 true 或 false,表示在缓冲区中的存储窖已满时,是否自动将信息输出至客户端,默认值为 true。

(7) info 属性。代表目前这个 JSP 网页的信息,定义为一个字符串,可以使用 getServletInfo()获得。

(8) errorPage 属性。可以在每个 JSP 网页中设置 errorPage＝"error. jsp",表示有异常错误时,错误信息由 error. jsp 来显示,通常为相对路径。

(9) isErrorPage 属性。设置网页是否可显示其他网页产生的异常信息,默认值为 false。例如,在 error. jsp 页面中要设置其属性为 true,表示本页为显示异常错误信息的页面。

(10) contentType 属性。设置 JSP 网页的文件格式与编码所使用的字符集。

(11) pageEncoding 属性。设置 JSP 源文件和响应正文中的字符集编码。

2) include 指令

include 指令用来指定 JSP 文件被编译时需要插入的资源,这个资源可以是文本、代码、HTML 文件或 JSP 文件。格式为＜%@include file＝"relativeURL"%＞。

其中,relativeURL 表示要包含的文件路径。如果路径以"/"开头,则表示该路径是参照 JSP 应用的上下关系路径;如果路径直接以目录名或文件名开头,则表示该路径是正在使用的 JSP 文件的当前路径。一旦 JSP 文件完成编译,该资源内容就不可变,要改变该资源内容,必须重新编译 JSP 文件。

利用 include 指令,可以将一个复杂的 JSP 页面分为若干个部分,这样方便管理 JSP 页面。可以将一个 JSP 页面分为 3 个不同的页面:head. jsp、body. jsp 和 tail. jsp,其中 head. jsp 表示页头,body. jsp 表示页体,tail. jsp 表示页尾。这样对于同一网站的不同 JSP 页面,可以直接利用 include 指令调用 head. jsp 和 tail. jsp,仅 body. jsp 不同。

该指令标签的语法格式如下:

```
<%@   include file="文件名字"  %>
```

该指令标签的作用是在该标签的位置处,静态插入一个文件。所谓"静态插入"指用被插入的文件内容先代替该指令标签与当前 JSP 文件合并成新的 JSP 页面,再由 JSP 引擎转译为 Java 文件。

被插入的文件要求满足以下条件：

① 被插入的文件必须与当前 JSP 页面在同一 Web 服务目录下。

② 被插入的文件与当前 JSP 页面合并后的 JSP 页面必须符合 JSP 语法规则。

例如，下面的程序是实现相同功能的两种程序结构：第一种程序结构中，使用了 include 指令标签，即在 example4_1.jsp 页面中静态插入一个 HelloWorld.jsp 文件。第二种程序结构（example4_2.jsp）中，没有使用 include 指令标签。下面是实现这两种程序结构的代码。

第一种程序结构由 example4_1.jsp 页面和 HelloWorld.jsp 页面两个文件组成。

```
example4_1.jsp
<%@ page language="java" import="java.util.* " pageEncoding="UTF-8"%>
<html>
    <head>
        <title>include 指令实例</title>
    </head>
    <body>
    <center>
        现在的日期和时间是:<%=new Date()%>
        <hr>
        <%@ include file=" HelloWorld.jsp"%>
    </center>
    </body>
</html>
HelloWorld.jsp
<%@ page language="java" pageEncoding="UTF-8"%>
<html>
    <head><title>被 include 包含的文件</title></head>
    <body><h1>Hello World!</h1></body>
</html>
```

第二种程序结构直接将 example4_1.jsp 页面内容和 HelloWorld.jsp 页面内容合并在一起，构成页面 example4_2.jsp。

```
example4_2.jsp
<%@ page language="java" import="java.util.* " pageEncoding="UTF-8"%>
<html>
    <head>
        <title>include 指令实例</title>
    </head>
    <body>
    <center>
        现在的日期和时间是:<%=new Date()%>
        <hr>
        <h1>Hello World!</h1>
    </center>
```

```
    </body>
  </html>
```

3）taglib 指令

taglib 指令是页面使用者用来自定义标签的。可以把一些需要重复显示的内容自定义成一个标签，以增加代码的重用程度，并使页面易于维护。

3. 脚本元素

脚本元素是 JSP 代码中使用最频繁的元素，它是用 Java 语言写的脚本代码。所有的脚本元素均是以"＜％"标记开始，以"％＞"标记结尾，可以分为声明、表达式、Scriptlet 三类。

1）声明

在 JSP 中，声明是用来定义在程序中使用的实体，是一段 Java 代码，可以声明变量也可以声明方法。声明以"＜％!"标记开始，以"％＞"标记结尾，格式是：＜％! 具体声明代码 ％＞。

每个声明仅在一个 JSP 页面内有效，要想每个 JSP 页面中都包含某些声明，可将这些声明包含在一个 JSP 页面中，然后利用前面介绍的 include 指令将该页面包含在每个 JSP 页面中。

2）表达式

表达式以"＜％＝"标记开始，以"％＞"标记结尾，中间的内容为一个合法的 Java 表达式，格式是＜％＝expression％＞，其中 expression 为 Java 表达式。表达式在执行时会被自动转换为字符串，然后显示在 JSP 页面中。

3）Scriptlet

Scriptlet 是以"＜％"标记开始、以"％＞"标记结尾的一段 Java 代码，它可以包含任意符合 Java 语法标准的 Java 代码，格式如下：＜％ Java 代码 ％＞。

4. 动作元素

大多数的 JSP 处理都是通过 JSP 中的动作元素来完成的，动作元素主要是在请求处理阶段起作用，它能影响输出流和对象的创建、使用、修改等。JSP 动作元素是利用 XML（可扩展标记语言）语法写成的，它们均以"jsp"为前缀。

1）include 动作标签

＜jsp:include＞：允许在 JSP 页面中包含静态和动态页面。如果包含的是静态页面，则只是将静态页面的内容加入 JSP 页面中，如果包含的是动态页面，则所包含的页面将会被 JSP 服务器编译执行。格式如下：

```
<jsp:include page="relativeURL|<%=expression%>" flush="true|false"/>
```

page：表示所要包含的文件的相对 URL，它可以是一个字符串，也可以是一个 JSP 表达式。flush：默认值为 false，若该值为 true 则表示当缓冲区满时需清空。

以下是 include 两种用法的区别，主要有两个方面的不同：

执行时间上，＜％@ include file＝"relativeURI"％＞在翻译阶段执行；＜jsp:include page＝"relativeURI" flush＝"true"/＞在请求处理阶段执行。

引入内容上，＜％@ include file＝"relativeURI"％＞引入静态文本（html，jsp），在 JSP 页面被转化成 Servlet 之前和它融和到一起；＜jsp:include page＝"relativeURI" flush＝"true" /＞引入执行页面或 Servlet 的应答文本。

2）forward 动作标签

forward 动作标签的语法格式：

```
<jsp:forward  page="要转向的页面">
</jsp:forward>
```

或者

```
<jsp:forward  page="要转向的页面" />
```

该指令的作用：当前页面执行到该指令处后转向其他 JSP 页面执行。

<jsp:forward>操作允许将当前的请求运行转发至另外一个静态的文件、JSP 页面或含有与当前页面相同内容的 Servlet。格式如下：

```
<jsp:forward>  page="relativeURL|<%=expression% >" />
```

> 注意：

forward 动作指令和 HTML 中<a></a>超链接标签是不同的，在<a></a>中只有单击链接才能实现页面跳转，在 forward 动作指令中一切都可以用 Java 代码进行控制，可以在程序中直接决定页面跳转的方向和时机。在 forward 跳转并且传递参数的过程中，浏览器地址栏中的地址始终是不变的，传递的参数也不会在浏览器的地址栏中显示，这也是 forward 动作指令与 HTML 中<a></a>超链接的另一个区别。

3）param 动作标签

param 动作标签的语法格式：

```
<jsp:param  name="变量名字"  value="变量值" />
```

该标签经常与 jsp:include、jsp:forward、jsp:plugin 标签一起使用，将 param 标签中的变量值传递给动态加载的文件。

4）plugin 动作标签

plugin 动作标签的语法格式：

```
<jsp:plugin type="applet"  code="applet 程序字节码文件名" codebase="applet 程序字节码
文件所在目录"  width="宽度"…>
<jsp:fallback>提示信息…
</jsp:plugin>
```

该动作标签指示 JSP 页面加载 Java plugin 插件，该插件由客户负责下载，并使用该插件运行 Java applet 小应用程序。

5）useBean 动作标签

该标签创建并使用一个 JavaBean，JavaBean 将在项目 7 中详细介绍。

思考练习

简要叙述 include 指令标签的功能。

拓展任务

将前面论坛设计中的 HTML 页面修改成 JSP 页面。

任务评价卡

任务编号	04-01	任务名称		Include 页面实现		
任务完成方式	□小组协作　□个人独立完成					
项目	等级指标			自评	互评	师评
资料搜集	A.能通过多种渠道搜集资料,掌握技术应用、特性。 B.能搜集部分资料,了解技术应用、特性。 C.搜集渠道单一,资料较少,对技术应用、特性不熟悉					
操作实践	A.有很强的动手操作能力,实践方法取得显著成效。 B.有较强的动手操作能力,实践方法取得较好成效。 C.掌握基本动手操作能力,实践方法有一定成效					
成果展示	A.成果内容丰富,形式多样,且很有条理,能很好地解决问题。 B.成果内容较多,形式较简单,比较有条理,能解决问题。 C.成果内容较少,形式单一,条理性不强,能基本解决问题					
过程体验	A.熟练完成任务,理解并掌握本任务相关知识技能。 B.能完成任务,掌握本任务相关知识技能。 C.完成部分任务,了解本任务相关知识技能					
合计	其中 A 为 86~100 分,B 为 71~85 分,C 为 0~70 分。A 为优秀, B 为良好,C 为尚需加强操作练习					
任务完成情况	1.Page 指令使用(优秀、良好、合格)。 2.Include 指令使用(优秀、良好、合格)。 3.部署访问(优秀、良好、合格)					
存在的主要问题:						

任务 2　JSP 对象

为了便于 JavaWeb 应用程序开发,在 JSP 页面中设置了一些默认的对象,这些对象不需要预先声明就可以在脚本代码和表达式中随意使用,这就是 JSP 的内置对象。

◆ **任务导入**

JSP 提供了一些由 JSP 容器实现和管理的内置对象,在 JSP 应用程序中不需要预先声明和创建就能直接使用这些对象。JSP 程序开发人员不需要对这些内部对象进行实例化,只需调用其方法就能实现特定功能,使得 JavaWeb 编程更加快捷、方便。本任务要求通过编写用户注册页面熟悉 JSP 内置对象的使用。该系统应实现注册和获取注册信息两个页面。

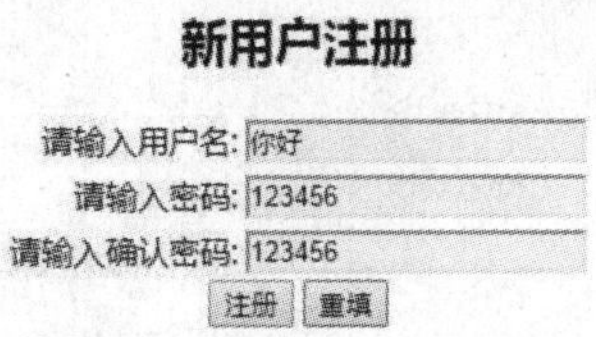

◆ **任务实施**

添加注册页面设计,如图 4-2 所示。

图 4-2　任务完成效果图

注册信息页面中填写相关信息后,点击注册页面提交到 reginfo.jsp 页面,可以获取到用户在注册页面中填写的相关信息。

```
example4_3.jsp
<%@ page language="java" contentType="text/html; charset=UTF-8" pageEncoding="UTF-8"%>
<!DOCTYPE html>
<html>
<head>
    <meta charset="UTF-8">
    <title>用户注册</title>
</head>
<body>
<div align="center">新用户注册
    <form name="form" method="post" action="reginfo.jsp">
        <table border="0" align="center">
            请输入用户姓名:
            <input type="text" name="name" /></br>
            请输入密码:
            <input type=" password " name=" password1 " /></br>
            请输入确认密码:
            <input type=" password " name=" password 2" /></br>
            <input type="submit" value="注册" />
            <input type="reset" value="重填" />
    </form>
</div>
</body>
</html>
reginfo.jsp
<%@ page language="java" contentType="text/html; charset=UTF-8" pageEncoding="UTF-8"%>
<%
    request.setCharacterEncoding("UTF-8");               //设置请求编码
    String name=request.getParameter("name");       //获取用户名
    String password1=request.getParameter("password 1");      //获取密码
    String password2=request.getParameter("password 2");      //获取重复密码
    //获取兴趣爱好
%>
<!DOCTYPE html>
<html>
<head>
    <meta charset="UTF-8">
    <title>注册信息</title>
```

```
</head>
<body>
用户名:<%=name %><br/>
密码:<%=password1 %><br/>
</body>
</html>
```

◆ 知识链接

JSP 共提供 9 个内置对象：request、response、session、application、out、config、page、exception、pageContext。JSP 内置对象的作用和作用域见表 4-1。

表 4-1　JSP 的内置对象

序号	内置对象	作用	作用域
1	request	封装用户提交信息，提供对 HTTP 请求数据访问	request
2	response	对客户请求做出动态响应，向客户端发送数据	response
3	session	存储一次会话信息，完成会话期管理	session
4	application	实现用户间数据共享，所有访问该服务器的用户共享该对象	application
5	out	向客户端输出各种类型数据	page
6	config	用于取得服务器配置信息	page
7	page	JSP 运行时产生的异常对象，只在错误页面使用	page
8	exception	当前 JSP 页面转换后的 Servlet 类的实例	page
9	pageContext	访问页面中的共享数据	page

1. request 对象

request 对象是和请求相关的 javax. servlet. http. HttpServletRequest 类的一个实例，封装了用户请求页面时提交的信息，调用相关方法可以获取对应信息。request 对象的常用方法见表 4-2。

表 4-2　request 对象的常用方法

序号	方法名	方法功能
1	String getParameter(String name)	返回 name 指定参数的参数值
2	String getParameterValues(String name)	返回包含参数 name 的所有值的数组
3	Enumeration getParameterNames()	返回可用参数名的枚举
4	object getAttribute(String name)	返回指定属性的属性值
5	void setAttribute(String name Object value)	在属性列表中添加指定的属性
6	void setCharacterEncoding(String encoding)	设置字符编码方式，解决参数传递中的乱码问题

通过使用 request 对象的方法，主要可以实现以下功能：获取用户表单提交的信息，进行汉字乱码处理。

2. response 对象

response 对象是和应答相关的 javax. servlet. http. HttpServletResponse 类的一个实例,封装了服务器对客户端的响应,调用相关方法可以响应客户请求。response 对象的常用方法见表 4-3。

表 4-3　response 对象的常用方法

序号	方法名	方法功能
1	String getCharacterEncoding()	返回响应使用的字符编码类型
2	ServletOutputStream getOutputStream()	返回响应的一个二进制输出流
3	sendRedirect(java. lang. String location)	重新定向客户端的请求
4	void setCharacterEncoding(String encoding)	设置响应头的字符集
5	void setContentType(String type)	设置响应的 MIME 类型

response 对象用于向客户端浏览器发送数据,用户可以使用该对象将服务器的数据以 HTML 格式发送到客户端的浏览器,主要实现以下功能:设置响应头属性、实现页面重定向、刷新页面。

3. session 对象

session 对象是与请求相关的 javax. servlet. http. HttpSession 接口的实例对象,它封装了属于客户会话的所有信息。session 对象的常用方法见表 4-4。

表 4-4　session 对象的常用方法

序号	方法名	方法功能
1	long getCreationTime()	返回 session 创建时间
2	public String getId()	返回 session 创建时 JSP 引擎为它设置的唯一 ID 号
3	long getLastAccessedTime()	返回此 session 里客户端最近一次请求时间
4	boolean isNew()	返回服务器创建的一个 session
5	void removeValue(String name)	删除 session 中指定的属性
6	void setAttribute(String key, Object obj)	设置 session 的属性
7	Object getAttribute(String name)	返回 session 中属性名为 name 的对象
8	void invalidate()	取消 session,使 session 不可用

session 对象用于存储特定用户会话所需信息,以便跟踪每个用户的操作状态。session 会话信息保存在容器中,session 的 ID 则保存在客户端的 cookie 中。使用对象方法主要是保存一次会话的不同页面之间的传递信息。

4. application 对象

application 对象是 javax. servlet. ServletContext 接口的实例对象,用于保存所有应用程序中的公有数据。application 对象的常用方法见表 4-5。

表 4-5　application 对象的常用方法

序号	方法名	方法功能
1	Object getAttribute(String name)	返回 application 中属性为 name 的对象
2	Enumeration getAttributeNames()	返回 application 中的所有属性名
3	void setAttribute(String name,Object value)	设置 application 属性
4	void removeAttribute(String name)	移除 application 属性
5	String getRealPath(String relativePath)	返回 Web 应用程序内相对网址对应的绝对路径

　　application 对象是在 Web 服务器启动时由服务器自动创建的,可以将 application 对象看作 Web 服务器中的全局变量。常常把需要在多个用户中共享的数据放在 application 对象中,如在线人数统计。

5. JSP 其他内置对象

　　除了上面四个最常用的对象外,JSP 页面中还可以使用 out 对象向客户端输出各种数据,常用的方法有 print()和 println();使用 config 对象表示一个 Servlet 配置;page 对象是为了执行当前页面应答请求而设置的;exception 对象用来处理 JSP 文件执行时产生的错误和异常,常用 getMessage()方法来获取异常信息,用 toString()方法来获取该异常对象的简短描述;pageContext 对象提供对 JSP 页面内所有对象及名字空间的访问。

 思考练习

1.简述内置对象的作用。
2.简述内置对象的常用方法。

 拓展任务

统计留言板网站的浏览人数。

任务评价卡

任务编号	04-02	任务名称	用户注册页面实现		
任务完成方式	□小组协作　□个人独立完成				
项目	等级指标		自评	互评	师评
资料 搜集	A.能通过多种渠道搜集资料,掌握技术应用、特性。 B.能搜集部分资料,了解技术应用、特性。 C.搜集渠道单一,资料较少,对技术应用、特性不熟悉				
操作 实践	A.有很强的动手操作能力,实践方法取得显著成效。 B.有较强的动手操作能力,实践方法取得较好成效。 C.掌握基本动手操作能力,实践方法有一定成效				

续表

项目	等级指标	自评	互评	师评
成果 展示	A. 成果内容丰富,形式多样,且很有条理,能很好地解决问题。 B. 成果内容较多,形式较简单,比较有条理,能解决问题。 C. 成果内容较少,形式单一,条理性不强,能基本解决问题			
过程 体验	A. 熟练完成任务,理解并掌握本任务相关知识技能。 B. 能完成任务,掌握本任务相关知识技能。 C. 完成部分任务,了解本任务相关知识技能			
合计	其中 A 为 86~100 分,B 为 71~85 分,C 为 0~70 分。A 为优秀, B 为良好,C 为尚需加强操作练习			
任务 完成 情况	1. Request 对象使用(优秀、良好、合格)。 2. Response 对象使用(优秀、良好、合格)。 3. 部署访问(优秀、良好、合格)			
存在的主要问题:				

动态网上商城

如果你没有设计过一个像模像样的程序系统,还不能说你已经掌握了这门技术。在这个模块中,应用各种专题知识,通过一定的软件工程方法,完成一个系统的程序设计。实践一个典型的中等规模的项目,是我们熟练掌握 Java Web 程序设计各项技能和基础知识的必然之选。本模块以网上商城为例学习以下相关知识:

- 使用规范的软件工程方法开发 Web 项目;
- 掌握 Web 页面访问数据库的方法技能;
- 掌握文件上传下载的应用开发技术。

项目 5 动态网站开发过程

Web 应用开发涉及很多知识,如软件工程、操作系统、编译原理、程序设计、数据库等。在学习的过程中一定要结合具体的理论知识去理解技术本身,再反过来通过技术学习更深入地理解基本理论。按照规范的软件工程来开发和维护 Web 应用是明智的选择。

任务 1 项目可行性分析

项目可行性分析报告主要用来阐述项目在各个层面上的可行性与必要性,理清项目方向、规划抗风险策略在项目实施过程中起着相当重要的作用。可行性分析报告是对项目的全面通盘考虑,是项目分析员进行下一步工作的前提,是软件开发人员开发项目的前提与基础。编写项目可行性分析报告可以使软件开发团体尽可能早地估计研制课题的可行性,可以在定义阶段认识到系统方案的缺陷,及时止损,从而节省资金投入。所以,软件项目可行性分析报告在整个开发过程中是非常重要的。

◆ **任务导入**

编写一份项目可行性分析报告,要求实现在互联网上进行网上商城产品展示、网上通信留言功能;重点实现网上商品查找、在线购买的功能;实现普通用户只能浏览,注册用户可以在线订购,后台管理人员可以进行产品上传更新、注册用户管理等功能。

◆ **任务实施**

1. 编写目的

电子商务于二十世纪九十年代初在欧美兴起,是一种全新的商业交易模式,实现了交易的无纸化、效率化、自动化,表现了网络极具魅力的地方。信息交换的快捷,地理界限的模糊,这所有的一切必将推动传统商业行为在网络时代的变革。随着电子商务,尤其是网上购物的发展,商品流通基础设施和配套行业的发展将对商品流通领域甚至整个经济发展带来种种影响,确实值得企业投入。网上商城是一种具有交互功能的商业信息系统,它向用户提供静态和动态两类信息资源。网上购物系统具有强大的交互功能,可使商家和用户方便地传递信息,完成在线交易的整个流程。

2. 背景

目前网上购物发展迅速,各类网上购物系统也应运而生,针对各类大型网购网站的管理系统已经开发得非常成熟。从商品查看到下订单,再到付款,收货确认,都可以做到统一管理。前台可以完成预定实物、虚拟物品等各种业务。后台可以上传、编辑商品信息,对订单进行实时跟踪管理。

3. 定义

专门术语：

OSS：online shopping system，网上商城系统。SQL Server：系统服务器所使用的数据库关系系统（DBMS）。SQL：一种数据库查询和程序设计语言。

事务流：数据进入模块后可能有多种路径进行处理。

主键：数据库表中的关键域。值互不相同。

外部主键：数据库表中与其他表主键关联的域。

ROLLBACK：数据库的错误恢复机制。

系统：网上商城系统。

SQL：structured query language，结构化查询语言。

ATM：asynchronous transfer mode，异步传输模式。

UML：统一建模语言，是一套用来设计软件蓝图的标准建模语言，是一种从软件分析、设计到编写程序规范的标准化建模语言。

Adobe Dreamweaver，简称"DW"，中文名称是"梦想编织者"，是美国 Macromedia 公司开发的集网页制作和网站管理于一身的所见即所得的网页编辑器。

4. 参考资料

文档格式遵循 GB/T 8567—2006 国家标准和 IEEE/ANSI 830—1993 标准规范。参考文档包括软件工程项目开发文档范例、软件工程国家标准文档、网上购物需求说明书、软件需求说明书编写规范等文件。

5. 功能要求

（1）方便广大用户在网上购物和物物交换，浏览信息和交流等。此系统分为前台管理和后台管理。前台管理是供用户注册、登录和浏览的，包括浏览商品、上传商品图片、订购商品、物物交换、查看商品详细情况和功能；后台管理是提供给管理员的，包括订单管理、商品管理、会员管理、物流管理、系统管理、版权信息管理等。

（2）主要性能。主要性能包括效率高、速度快、算法规范，能提高办公效率。

（3）系统的输入、输出。输入要求数据完整、详细。输出要求简洁、快速。

（4）安全和保密要求。用户账号需加密。服务器的管理员享有对系统信息的管理权和修改权。

6. 业务处理及数据流程

用户购物、销售、后台商品管理流程如图 5-1～图 5-3 所示。

7. 针对一般购物网站需求的分析

（1）系统概况。根据实际情况，把商品分类、商品查找、订单查询、商品管理、订单管理、系统管理等小模块合并成一个可执行的软件系统模型。通过这个软件系统，用户能快速地搜索和查找需要的产品，开发人员能快速确定需求，然后采用循环进化的开发方式，对系统模型做连续的精化，逐渐增加系统需具备的性能，直到所有的性能全部满足。此时模块也发展成为最终产品了。

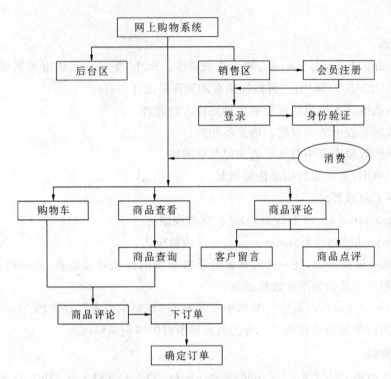

图 5-1　用户购物流程

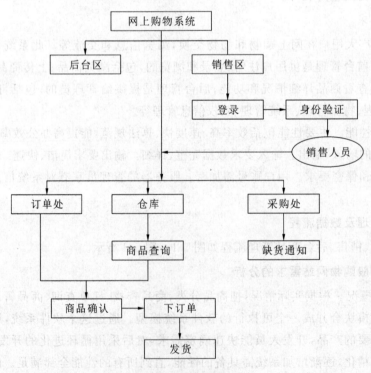

图 5-2　销售流程

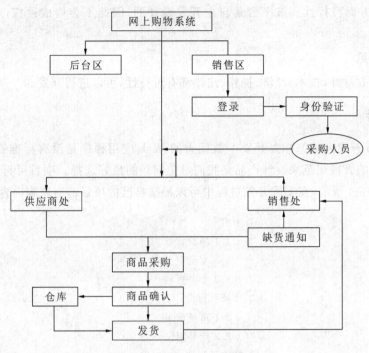

图 5-3　后台商品管理流程

（2）工作负荷。由于日常信息处理量大，耗费时间长，出错率高，系统在投入运行后，可以实现业务信息集中处理，分析利用信息辅助市场的业务监管和重大决定。

（3）费用。真实生产场景中可能会涉及域名申请、人员工资、B/S 模式客户端 PC 机服务器端服务器软件使用费、数据库软件使用费等费用。开发设备由公司提供，暂不计折旧费。

（4）局限性。影响本计划完成的主要问题有：用户需求不清，存在误解及二义性；开发人员第一次开发软件，没有实际经验；时间有限，没有足够的开发时间。

8. 技术可行性分析

（1）与现有系统比较的优越性。

简单性：在实现平台功能的同时，尽可能地让平台操作简单易懂，这对于一个网站来说是比较重要的。

针对性：该平台是网上购物系统及后台管理的定向开发设计，所以具有很强的针对性。

实用性：该平台能完成商品展示和管理员管理等功能，具有良好的实用性。

（2）技术可行性评价。整个项目涉及的技术都是常用技术，其中数据库技术和 Dreamweaver 网页设计技术是本门课程的先学课程内容，JSP 基础知识在本书模块 1、模块 2 中已经系统介绍，JavaBean 和访问数据库技术是本项目需要培养的重点技能。

（3）经济可行性分析。由于实体店铺对店面地址等投入的依赖，更多小企业都将拓展线上业务，这为今后系统的顺利开发提供了有利的需求条件。

（4）投资回收周期。本次程序开发不能反映投资回收之后的情况，即无法准确衡量方案在整个计算期内的经济效果。简单的购物平台主要是为了创设实践的场景，不考虑投资回收，暂忽略在以后发生投资回收期的所有好处，对总收入不做考虑，只考虑平台实现的效果。

（5）社会方面可行性。该平台是自主开发设计的，因此不会构成侵权，在法律上是可行的。

9.结论意见

由于投资效益好，技术、经济、操作、法律都有可行性，可以进行开发。

◆　知识链接

一名 Web 开发人员怎样去开发一款优秀的 Web 应用程序是没有标准答案的。所以，按照软件工程的管理规范来设计产品是我们避免问题的最好选择。项目可行性分析报告的一般框架如图 5-4 所示，在实际开发过程中可以根据自己的项目适当增删内容。

1.引言
　　1.1 项目背景
　　1.2 术语定义
　　1.3 参考资料
2.市场可行性
　　2.1 市场前景
　　2.2 产品定位
3.技术可行性
　　3.1 功能说明
　　3.2 技术分析
4.资源可行性
　　4.1 人力资源
　　4.2 软件资源
　　4.3 设备资源
　　4.4 时间资源
5.经济可行性
　　5.1 投资规划
　　　　5.1.1 基础投资
　　　　5.1.2 直接投资
　　5.2 收益分析
　　　　5.2.1 定量收益
　　　　5.2.2 非定量收益
　　5.3 投资收益率
　　5.4 投资回收期
6.社会可行性
　　6.1 法律可行性
　　6.2 政策可行性
　　6.3 使用可行性
7.评价过程
　　7.1 评价标准
　　7.2 评价结果
8.结论

图 5-4　项目可行性分析报告的一般框架

思考练习

通过深入调研,了解行业发展现状,做一份项目可行性分析报告。

 拓展任务

完成学生管理系统的可行性分析。

任务评价卡

任务编号	05-01		任务名称		编写可行性分析报告	
任务完成方式	□小组协作　□个人独立完成					
项目	等级指标			自评	互评	师评
资料搜集	A. 能通过多种渠道搜集资料,掌握技术应用、特性。 B. 能搜集部分资料,了解技术应用、特性。 C. 搜集渠道单一,资料较少,对技术应用、特性不熟悉					
操作实践	A. 有很强的动手操作能力,实践方法取得显著成效。 B. 有较强的动手操作能力,实践方法取得较好成效。 C. 掌握基本动手操作能力,实践方法有一定成效					
成果展示	A. 成果内容丰富,形式多样,且很有条理,能很好地解决问题。 B. 成果内容较多,形式较简单,比较有条理,能解决问题。 C. 成果内容较少,形式单一,条理性不强,能基本解决问题					
过程体验	A. 熟练完成任务,理解并掌握本任务相关知识技能。 B. 能完成任务,掌握本任务相关知识技能。 C. 完成部分任务,了解本任务相关知识技能					
合计	其中 A 为 86～100 分,B 为 71～85 分,C 为 0～70 分。A 为优秀, B 为良好,C 为尚需加强操作练习					
任务完成情况	可行性分析报告(优秀、良好、合格)					
存在的主要问题:						

任务 2　需求分析

　　需求分析说明书的编制是为了让用户和软件开发者双方对"网上商城系统"项目的初始规划有共同的理解,使之成为整个开发工作的基础。需求分析说明书可向客户展示设计开发人员对项目的理解,并且在其得到用户确认后,它将成为此软件项目设计、实现、测试和实施过程中唯一的需求规范。

◆ 任务导入

　　需求分析是以正确、可行、必要等标准对网上商城系统做完整的需求说明。需求分析要求每个需求的功能必须描述清楚,确保每个功能在当前的开发能力和系统环境下可以实现,并且确认每个需求、功能是否必须交付,是否可以推迟实现,在削减开支情况发生时是否可以删除该项功能。

　　通过了解网上商城项目的基本功能需求,尝试划分系统的功能,分析每个功能的具体细节要求,最后尝试编写需求分析说明书。

◆ 任务实施

　　清楚自己的建站目的,是项目开发的前提和保障。首先对各大销售网站和不同层次消费者购买习惯进行详细调查,其中主要包括网页排版、顾客消费流程以及管理员的操作。然后根据调查结果总结出有自己特色的设计思路。

　　网上购物致力于提供以产品展示及订购为核心的网上购物服务,让客户通过网站便能自由地购买产品。该网站通过用户登录、浏览商品、查看公告、购买、确定购买来实现用户模块功能。其中订单的生成及网站后台系统通过系统管理员管理商品、订单、用户来实现。

1. 功能块划分

　　网上商城共分为两个部分:一部分是面向用户的部分,包括顾客在线注册、购物、提交订单、付款等操作;另一部分是商城管理部分,这部分的内容包括产品的添加、删除、查询、订单管理、操作员管理、注册用户管理等。

2. 功能块描述

　　1) 面向用户部分功能

　　(1) 注册功能。顾客首先要注册为网上商城的用户。注册时只要填写登录用户名、密码、电子信箱 3 项信息即可。注册后,用户可继续如实填写详细个人信息及收货人信息,同时可修改密码、查询及修改订单。

　　(2) 选择产品功能。顾客浏览网上商城,将自己需求的产品放入购物车(可在网上商城首页、专柜首页、产品小类、专卖店首页、搜索结果页面、产品详细信息页面进行该操作),可连续添加多件商品。

　　(3) 管理购物车。顾客选择好商品后可进入购物车页面,查看自己要购买的商品,可修改某一商品数量、取消购买某商品和清空整个购物车。

　　(4) 订单功能。顾客确定购物车中商品后提交订单,如顾客已填写收货人地址信息,则页面显示该信息并由顾客确认。如尚未填写则显示相应表单指引其填写,系统记录顾客提交的收货人地址信息以便其下次购物时使用。顾客提交订单后可在网上商城查询该订单,并可对尚未处理的订单进行取消、修改等操作。

　　(5) 付款功能。顾客在订单被销售方确认后,要选择付款方式,并付款给销售方,然后才可以收到货。

　　2) 后台管理部分功能

　　(1) 管理人员部分。该部分的用户有一个超级管理员以及若干个普通管理员。超级管理员拥有最高权限,访问所有订单,浏览、查询订单,浏览、修改普通管理员和会员的资料。

普通管理员分两种：一种是订单管理员，主要负责订单管理，可浏览、修改订单状态，浏览会员信息；另一种是界面管理员，主要负责界面管理，可增、删商品和广告等。

（2）管理订单功能。顾客可通过 Web 方式取消、修改自己提交的订单（在管理员确认前），随时查询自己提交的订单。如订单的状态在一定时限（如 12 小时）后仍没有发生变化（"订单关闭"状态除外），系统自动提醒管理员（如订单变色，则以弹出提醒窗口等方式提醒；若订单状态发生变化，系统自动发 E-mail 给顾客，"无效订单""订单关闭"状态除外）。

（3）管理商品功能。管理员可以添加、修改、删除商品。

3.性能需求

数据精确度要求价格单位保留到分。此外，还要求网上商城具有良好的适应性，即购物流程要简单明了，产品图片要清楚，产品信息描述要准确。

4.系统流程图

顾客流程如图 5-5 所示。

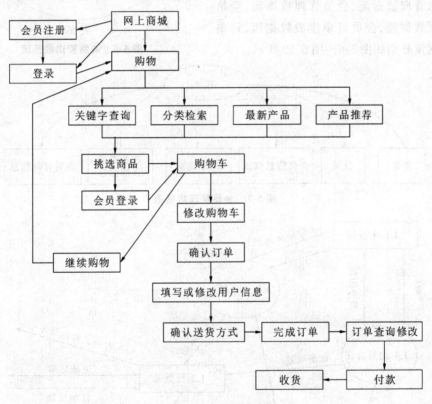

图 5-5　顾客流程图

订单处理流程如下：

（1）顾客提交订单。

（2）页面显示："感谢您在网上商城购物，您的订单已成功提交，我们会在 12 小时内与您联系。如有问题可拨打网上商城客服热线。"

（3）订单信息进入系统审核，若审核通过，则将订单入库，并通知顾客付款，若审核失败（如填写的信息无效或无库存），则将失败原因发给顾客，同时删除订单。

（4）订单具备以下几种状态："提交成功、尚未审核""用户取消""无效订单""已审核，尚未付款""付款成功、尚未发货""付款不成功""已发货""订单关闭"等。

（5）顾客提交订单，订单入库即为"提交成功、尚未审核"状态；订单管理员在后台浏览到顾客提交的订单，在确认订单信息有效后，订单的状态变为"已审核，尚未付款"。如是无效信息（如收货人信息虚假），则置其状态为"无效订单"。在订单审核前，消费者可在线修改订单或取消其提交的订单。

（6）管理员审核订单后，再由系统联系顾客，通知顾客付款，根据付款结果置订单的状态为"付款成功、尚未发货"或"付款不成功"，付款不成功则继续通知顾客付款，若一定时间内（如 24 小时内）没有付款，则将订单状态置为"订单关闭"。

（7）付款成功后，由销售方发货，订单接下来依次经过"已发货""订单关闭"两个状态。

5. 数据流图

购物管理数据流、会员管理数据流、会员登录验证数据流、会员订单生成数据流、订单管理数据流分别如图 5-6～图 5-10 所示。

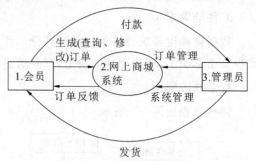

图 5-6　购物管理数据流

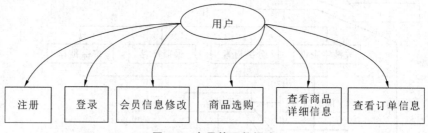

图 5-7　会员管理数据流

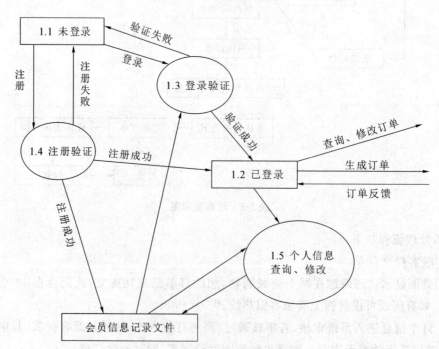

图 5-8　会员登录验证数据流

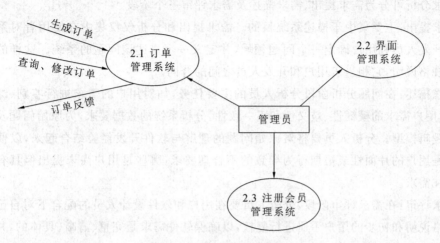

图 5-9 会员订单生成数据流

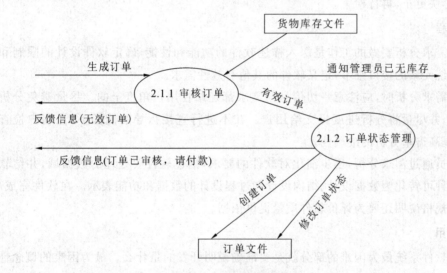

图 5-10 订单管理数据流

◆ 知识链接

软件需求分析就是把软件计划期间建立的软件可行性分析进一步细化,分析各种可能的解法,并且分配给各个软件元素。需求分析是软件定义阶段的最后一步,需要确定系统必须完成哪些工作,也就是对目标系统提出完整、清晰、具体的要求。

1. 任务

确定对系统的综合要求。分析系统的数据要求,导出系统的逻辑模型,修正系统的开发计划。

2. 简介

深入描述软件的功能和性能,确定软件设计的约束和软件同其他系统元素的接口细节,定义软件的其他有效性需求,借助当前系统的逻辑模型导出目标系统的逻辑模型,解决目标系统"做什么"的问题。

需求分析可分为需求提出、需求描述及需求评审三个阶段。

需求提出：主要集中于描述系统目的。需求提出和分析仅仅集中在使用者对系统的观点上。开发人员和用户确定一个问题领域，并定义一个描述该问题的系统。这样的定义称作系统规格说明，它相当于用户和开发人员之间的合同。

需求描述：在问题分析阶段分析人员的主要任务，如对用户的需求进行鉴别、综合和建模，清除用户需求的模糊性、歧义性和不一致性，分析系统的数据要求，为原始问题及目标软件建立逻辑模型。分析人员要将对原始问题的理解与软件开发经验结合起来，以便发现哪些要求是用户的片面性或短期行为导致的不合理要求，哪些是用户尚未提出但具有真正价值的潜在需求。

需求评审：在需求评审阶段，分析人员要在用户和软件设计人员的配合下对自己生成的需求规格说明和初步的用户手册进行复核，以确保软件需求是完整、清晰、具体的，并使用户和软件设计人员对需求规格说明和初步的用户手册的理解达成一致。一旦发现遗漏或模糊点，必须尽快更正，再行检查。

3. 过程

软件需求分析要做的工作是深入描述软件的功能和性能，确定软件设计的限制和软件同其他系统元素的接口细节，定义软件的其他有效性需求。

进行需求分析时，应注意一切信息与需求都是站在用户角度上的。尽量避免分析员的主观想象，并尽量将分析进度提交给用户。在不进行直接指导的前提下，让用户检查与评价，从而提高需求分析的准确性。

分析员通过需求分析，逐步细化对软件的要求，描述软件要处理的数据域，并给软件开发提供一种可转化为数据设计、结构设计和过程设计的数据和功能表示。在软件完成后，制定的软件规格说明还要为评价软件质量提供依据。

4. 作用

开发软件系统最为困难的部分就是要准确说明开发的是什么。最为困难的概念性工作便是要编写出详细的技术需求，这包括所有面向用户、面向机器和其他软件系统的接口。如果做错，这将是给系统带来极大损害的一部分，并且很难对它进行修改。目前，国内产品十分庞杂，一家企业可能有几个系统并立运行，它们之间的接口是系统开发人员最头痛的问题。对于商业最终用户应用程序，企业信息系统和软件作为一个大系统的一部分是显而易见的。

5. 需求类型

软件需求包括三个不同的层次：业务需求、用户需求和功能需求（也包括非功能需求）。

（1）业务需求（business requirement）：反映了组织机构或客户对系统、产品的高层次目标要求，它们在项目视图与范围文档中予以说明。

（2）用户需求（user requirement）：描述了用户使用产品必须要完成的任务，这在使用实例（usecase）文档或方案脚本说明中予以说明。

（3）功能需求（functional requirement）：定义了开发人员必须实现的软件功能，使得用户能完成他们的任务，从而满足了业务需求。

软件需求说明书中的功能需求充分描述了软件系统应具有的外部行为。软件需求说明书在开发、测试、质量保证、项目管理以及相关项目功能中都起了重要的作用。对于一个大型系统来说，软件功能需求也许只是系统需求的一个子集。

作为功能需求的补充，软件需求说明书还应包括非功能需求，它描述了系统展现给用户的行为和执行的操作等。它包括产品必须遵从的标准、规范和合约，外部界面的具体细节，性能要求，设计或实现的约束条件及质量属性。所谓"约束"是指对开发人员在软件产品设计和构造上的限制。质量属性通过多种角度对产品的特点进行描述，从而反映产品功能。多角度描述产品对于用户和开发人员都极为重要。

下面以一个子处理程序为例来说明需求的不同种类。业务需求可能是"用户能有效地纠正文档中的拼写错误"，该产品的包装盒上可能会标明这是个满足业务需求的拼写检查器。而对应的用户需求可能是"找出文档中的拼写错误并通过一个提供的替换项列表来供选择替换拼错的词"。同时，该拼写检查器还有许多功能需求，如找到并高亮度提示错词，显示提供替换词的对话框以及实现整个文档范围的替换。

从以上定义可以发现，需求并未包括设计细节、实现细节、项目计划信息或测试信息。需求与这些没有关系，它关注的是充分说明开发人员究竟想开发什么。项目也有其他方面的需求，如开发环境需求或发布产品及移植到支撑环境的需求。尽管这些需求对项目成功也至关重要，但它们并非本书要讨论的。

6. 文档编制

软件需求说明书的编制是为了使用户和软件开发者双方对该软件的初始规划有共同的理解，它是整个开发工作的基础。编制软件需求说明书的内容要求如下：

1) 引言

(1) 编写目的。说明编写这份软件需求说明书的目的，指出预期的读者。

(2) 背景。背景部分应说明以下三点内容：

a. 待开发的软件系统的名称；

b. 本项目的任务提出者、开发者、用户及实现该软件的计算中心或计算机网络；

c. 该软件系统同其他系统或其他机构的基本的相互来往关系。

(3) 定义。列出本文件中用到的专门术语的定义和外文首字母组词的原词组。

(4) 参考资料。列出用得着的参考资料，如：

a. 本项目的经核准的计划任务书或合同、上级机关的批文；

b. 属于本项目的其他已发表的文件；

c. 本文件中各处引用的文件、资料，包括要用到的软件开发标准，列出这些文件资料的标题、文件编号、发表日期和出版单位，说明能够得到这些文件资料的来源。

2) 任务概述

(1) 目标。叙述该项软件开发的意图、应用目标、作用范围以及其他应向读者说明的有关该软件开发的背景材料，解释被开发软件与其他有关软件之间的关系。如果本软件产品是一项独立的软件，而且全部内容自含，则要特别说明。如果所定义的产品是一个更大的系统的一个组成部分，则应说明本产品与该系统中其他各组成部分之间的关系，可使用一张方框图来说明该系统的组成和本产品同其他各部分的联系和接口。

(2) 用户的特点。列出本软件的最终用户的特点，充分说明操作人员、维护人员的教育水平和技术专长，以及本软件的预期使用频度。这些是软件设计工作的重要约束。

（3）假定和约束。列出进行本软件开发工作的假定和约束，例如经费限制、开发期限等。

3）需求规定

（1）对功能的规定。用列表的方式（例如 IPO 表即输入、处理、输出表的形式），逐项定量和定性地叙述对软件提出的功能要求，说明输入什么量、如何处理、得到什么输出，说明软件应支持的终端数和应支持的并行操作的用户数。

（2）对性能的规定。

① 精度：说明对该软件的输入、输出数据精度的要求，可能包括传输过程中的精度要求。

② 时间特性要求：说明对于该软件的时间特性要求。例如：

a. 响应时间；

b. 更新处理时间；

c. 数据的转换和传送时间；

d. 解题时间。

③ 灵活性：说明对该软件的灵活性要求，即当需求发生某些变化时，该软件对这些变化的适应能力。例如：

a. 操作方式的变化；

b. 运行环境的变化；

c. 同其他软件的接口的变化；

d. 精度和有效时限的变化；

e. 计划的变化或改进。

对于为了提供这些灵活性而专门设计的部分应该加以标明。

（3）输入输出要求。解释各输入输出数据类型，并逐项说明其媒体、格式、数值范围、精度等。对软件的数据输出及必须标明的控制输出量进行解释并举例，包括对硬拷贝报告（正常结果输出、状态输出及异常输出）以及图形或显示报告的描述。

（4）数据管理能力要求。说明需要管理的文卷和记录的个数、表和文卷的大小规模，要按可预见的增长对数据及其分量的存储要求做出估算。

（5）故障处理要求。列出可能的软件、硬件故障以及对各项性能而言所产生的后果和对故障处理的要求。

（6）其他专门要求。如用户单位对安全保密的要求，对使用方便的要求，对可维护性、可补充性、易读性、可靠性、运行环境可转换性的特殊要求等。

4）运行环境规定

（1）设备。列出运行该软件所需要的硬设备，说明其中的新型设备及其专门功能，包括：

a. 处理器型号及内存容量；

b. 外存容量、联机或脱机、媒体及其存储格式，设备的型号及数量；

c. 输入及输出设备的型号和数量，联机或脱机；

d. 数据通信设备的型号和数量；

e. 功能键及其他专用硬件。

（2）支持软件。列出支持软件，包括要用到的操作系统、编译（或汇编）程序、测试支持软件等。

（3）接口。说明该软件同其他软件之间的接口、数据通信协议等。

（4）控制。说明控制该软件运行的方法和控制信号，并说明这些控制信号的来源。

思考练习

简述需求分析的作用。

拓展任务

制作学生管理系统的需求分析规格说明书。

任务评价卡

任务编号	05-02		任务名称	编写需求分析报告		
任务完成方式	□小组协作 □个人独立完成					
项目	等级指标			自评	互评	师评
资料搜集	A. 能通过多种渠道搜集资料，掌握技术应用、特性。 B. 能搜集部分资料，了解技术应用、特性。 C. 搜集渠道单一，资料较少，对技术应用、特性不熟悉					
操作实践	A. 有很强的动手操作能力，实践方法取得显著成效。 B. 有较强的动手操作能力，实践方法取得较好成效。 C. 掌握基本动手操作能力，实践方法有一定成效					
成果展示	A. 成果内容丰富，形式多样，且很有条理，能很好地解决问题。 B. 成果内容较多，形式较简单，比较有条理，能解决问题。 C. 成果内容较少，形式单一，条理性不强，能基本解决问题					
过程体验	A. 熟练完成任务，理解并掌握本任务相关知识技能。 B. 能完成任务，掌握本任务相关知识技能。 C. 完成部分任务，了解本任务相关知识技能					
合计	其中 A 为 86～100 分，B 为 71～85 分，C 为 0～70 分。A 为优秀，B 为良好，C 为尚需加强操作练习					
任务完成情况	需求分析报告（优秀、良好、合格）					
存在的主要问题：						

总体设计

系统总体设计即对全局问题的设计,也就是设计系统总的处理方案,软件工程总体设计包括计算机配置设计、系统模块结构设计、数据库和文件设计、代码设计以及系统可靠性与内部控制设计等内容。

◆ **任务导入**

在网上商城系统项目的需求分析阶段,已经将系统用户对本系统的需求做了详细的阐述,这些用户需求已经在需求说明书中获得,并在需求说明书中得到详尽叙述及阐明。

本阶段在系统需求分析的基础上,对网上商城系统做概要设计。该说明书是概要实际阶段的工作成果,它应说明功能分配、模块划分、程序的总体结构、输入输出以及接口设计、运行设计、数据结构设计和出错处理设计等,为详细设计提供基础。它主要解决了实现该系统需求的程序模块设计问题,包括如何把该系统划分成若干个模块、决定各个模块之间的接口、模块之间传递的信息,以及数据结构、模块结构的设计等。以下的概要设计报告将对本阶段系统所做的所有概要设计进行详细的说明。

在下一阶段的详细设计中,程序开发人员可参考此概要设计报告,在概要设计网上商城系统的模块结构的基础上,对系统进行详细设计。在以后的软件测试以及软件维护阶段也可参考此说明书,以便了解概要设计过程中所完成的各模块设计结构,或在修改时找出本阶段设计的不足或错误。

◆ **任务实施**

1. 背景

虽然各类大型购物网站繁多,针对其开发的管理系统相对成熟,但为数众多的小型购物网站却没有一个合适的管理系统,因此,开发此管理系统是十分必要的。

2. 总体设计

1)需求规定

在计算机网络、数据库和先进的开发平台上,利用现有的软件,配置一定的硬件,开发一个具有开放体系结构的、易扩充的、易维护的、具有良好人机交互界面的网上商品交易系统,实现商店在出售商品后能及时补充货物,使商店不出现断货和尽量避免因进货数量不合理造成的商品积压现象。

要求系统能有效、快速、安全、可靠和无误地完成上述操作,并要求客户操作界面简单明了,易于理解,服务器程序利于维护。

2)运行环境

硬件方面的配置:CPU 是 intel P4 3.06G;硬盘要求 80G;内存要求 1G。

操作系统:各版本的 Windows 操作系统均可。

网络的性能:网络能正常连接。

软件支持:IE 浏览器和 SQL Server 2000。

以上配置经测试,适合开发。

用户机建议使用配置:要求用户机能正常使用网页浏览器,操作系统不限,能正常连接网络,网络建议使用宽带接入。其他硬件方面不做要求。

3) 基本设计概念和处理流程

处理流程如图 5-11 所示。

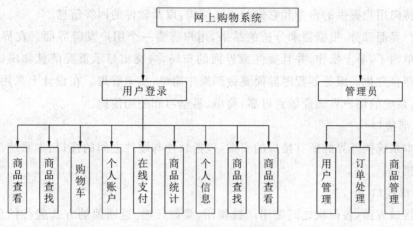

图 5-11 购物系统分解图

(1) 参与者(不同使用身份)包括顾客、注册用户、管理员。

(2) 购物流程包括注册用户(注:在首页面,未登录的用户可浏览商品信息,收藏商品信息)、用户登录(注:在首页面)、浏览商品信息、选择商品和数量(收藏或是单一购买)、选择付款方式(如在线支付)、确定购买(插入数据库购物单表)、系统处理购物单表插入订单表(返回订单编号)、订单查询(可按订单编号查询)、订单收到后,由客户确认,改变订单状态。

(3) 系统管理员流程包括登录,修改管理员密码,会员用户的删除、修改、添加,商品的添加,购买商品的浏览、删除与更新。

4) 结构

用一览表及框图的形式说明本系统的系统元素(各层模块、子程序、公用程序等)的划分,扼要说明每个系统元素的标识符和功能,分层次地给出各元素之间的控制与被控制关系。

5) 功能器与程序的关系

用一张矩阵图(见图 5-12)说明各项功能需求的实现同各程序的分配关系。

	登录程序	注册程序	购物车	查询商品
用户登录	√	√		
个人购物		√	√	√
⋮				
功能需求		√		√

图 5-12 矩阵图

6) 人工处理过程

人工处理过程包括输入用户信息和输入商品信息。

7）尚未解决的问题

说明在概要设计过程中尚未解决而设计者认为在系统完成之前必须解决的问题。

3. 接口设计

1）用户接口

说明将向用户提供的命令和它们的语法结构，以及软件的回答信息。

在用户界面部分，根据需求分析的结果，用户需要一个用户友善界面。在界面设计上，应做到简单明了，易于操作，并且要注意界面的布局，应突出显示重要信息和出错信息。外观上要做到合理化。服务器程序界面要做到操作简单，易于管理。在设计上采用选择菜单。总体来说，系统的用户界面应做到可靠、简单、易学习和使用便捷。

2）外部接口

说明本系统同外界的所有接口的安排，包括软件与硬件之间的接口、本系统与各支持软件之间的接口。

3）内部接口

内部接口方面，各模块之间采用函数调用、参数传递、返回值的方式进行信息传递。具体参数的结构将在下面数据结构设计的内容中说明。接口传递的信息将是以数据结构封装了的数据，以参数传递或返回值的形式在各模块间传输。

4. 运行设计

1）运行模块组合

运行模块组合形式有三种：注册模块＋登录模块；登录模块＋商品交易模块；登录模块＋商品管理模块。

2）运行控制

（1）注册会员：用户登录此网上商城系统网站后，点击注册会员按钮。然后转入会员注册的页面，用户需要根据页面上的要求填写相关信息，填写完成之后单击【提交】按钮。

如果注册成功，将返回一条提示注册成功的语句；如果注册失败，将返回一条提示注册失败的语句，并且将失败原因显示给用户。

（2）会员登录：用户登录此网上商城系统网站时，已经注册成为会员的用户可以直接在登录框中填写会员用户名和密码，然后单击登录按钮。如果登录成功，则返回一条提示登录成功的语句；如果登录不成功，则返回一条登录失败的提示语句或者提示注册，并且同时显示出登录失败的原因。

3）运行时间

每个模块组合占用资源的时间根据网速而定，网速越快各模块组合需要资源的时间越短。

a. 系统响应时间：根据网速而定。

b. 模块组合时间：根据网速而定，通常情况为 1.0 s。

5. 系统数据结构设计

逻辑结构设计要点如下：

（1）系统用到的所有数据均存储在服务器端，存于 SQL Server 服务器中。

（2）系统界面的显示属性，如字体属性、样式等使用 CSS 统一界面。

（3）系统界面中使用的相关图片需要保存在服务器端机器上。

参照 E/R 图和数据库表，系统主要需要维护的表如图 5-13 所示。

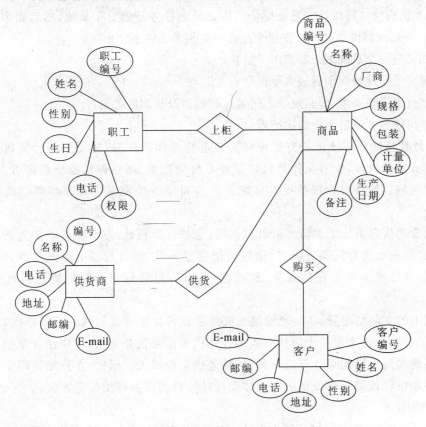

图 5-13　数据库 E/R 图

◆　知识链接

系统设计工作应该自顶向下地进行。首先设计总体结构，然后逐层深入，直至进行每一个模块的设计。总体设计主要是指在系统分析的基础上，对整个系统的划分（子系统）、机器设备（包括软、硬件设备）的配置、数据的存储规律以及整个系统实现规划等方面进行合理的安排。

1. 系统设计的概念

系统设计又称为物理设计，是开发管理信息系统的第二阶段，系统设计通常可分为两个阶段，首先是总体设计，其任务是设计系统的框架和概貌，向用户单位和领导部门做详细报告并得到认可。在此基础上进行第二阶段——详细设计。这两部分工作是互相联系的，需要交叉进行，本节将这两个部分内容结合起来进行介绍。

系统设计是开发人员进行的工作，他们将系统设计阶段得到的目标系统的逻辑模型转换为目标系统的物理模型。该阶段得到工作成果——系统设计说明书，是系统实施下一个阶段的工作依据。

2. 系统设计的主要内容

系统设计的主要任务是进行总体设计和详细设计。下面分别说明它们的具体内容。

1）总体设计

总体设计包括系统模块结构设计和计算机物理系统配置方案设计。

（1）系统模块结构设计。系统模块结构设计的任务是划分子系统，然后确定子系统的模块结构，并画出模块结构图。在这个过程中必须考虑以下几个问题：

① 如何将一个系统划分成多个子系统；

② 每个子系统如何划分成多个模块；

③ 如何确定子系统之间、模块之间传送的数据及其调用关系；

④ 如何评价并改进模块结构的质量。

（2）计算机物理系统配置方案设计。在进行总体设计时，还要进行计算机物理系统具体配置方案的设计，要解决计算机软硬件系统的配置、通信网络系统的配置、机房设备的配置等问题。计算机物理系统具体配置方案要经过用户单位和领导部门的同意才可实施。

开发管理信息系统的大量经验教训说明，选择计算机软、硬件设备不能光看广告或资料介绍，必须进行充分的调查研究，最好向使用过该软、硬件设备的单位了解其运行情况及优缺点，并征求有关专家的意见，然后进行论证，最后写出计算机物理系统配置方案报告。

从我国的实际情况看，不少单位是先买计算机再决定开发。这种不科学的、盲目的做法是不可取的，它会造成极大浪费。因为计算机更新换代非常快，即使在开发初期和开发中后期系统实施阶段购买计算机设备，价格差别也会很大。因此，在开发管理信息系统过程中应在系统设计的总体设计阶段具体设计计算机物理系统的配置方案。

2）详细设计

总体设计之后，就可以进行详细设计，主要有处理过程设计以确定每个模块内部的详细执行过程，包括局部数据组织、控制流、每一步的具体加工要求等。一般来说，处理过程模块详细设计的难度不大，关键是用一种合适的方式来描述每个模块的执行过程，常用的有流程图、问题分析图、IPO图和过程设计语言等；除了处理过程设计，还有代码设计、界面设计、数据库设计、输入输出设计等。

3）编写系统设计说明书

系统设计阶段的结果是系统设计说明书，它主要由模块结构图、模块说明书和其他详细设计的内容组成。

 思考练习

简述概要设计的功能与目标。

 拓展任务

完成学生管理信息系统的概要设计。

任务评价卡

任务编号	05-03		任务名称	总体设计报告		
任务完成方式	□小组协作　□个人独立完成					
项目	等级指标			自评	互评	师评
资料 搜集	A.能通过多种渠道搜集资料,掌握技术应用、特性。 B.能搜集部分资料,了解技术应用、特性。 C.搜集渠道单一,资料较少,对技术应用、特性不熟悉					
操作 实践	A.有很强的动手操作能力,实践方法取得显著成效。 B.有较强的动手操作能力,实践方法取得较好成效。 C.掌握基本动手操作能力,实践方法有一定成效					
成果 展示	A.成果内容丰富,形式多样,且很有条理,能很好地解决问题。 B.成果内容较多,形式较简单,比较有条理,能解决问题。 C.成果内容较少,形式单一,条理性不强,能基本解决问题					
过程 体验	A.熟练完成任务,理解并掌握本任务相关知识技能。 B.能完成任务,掌握本任务相关知识技能。 C.完成部分任务,了解本任务相关知识技能					
合计	其中 A 为 86~100 分,B 为 71~85 分,C 为 0~70 分。A 为优秀, B 为良好,C 为尚需加强操作练习					
任务 完成 情况	1.数据库 E/R 图(优秀、良好、合格)。 2.数据流图(优秀、良好、合格)。 3.总体设计报告(优秀、良好、合格)					
存在的主要问题:						

任务 4　详细设计

详细设计是软件工程中软件开发的一个步骤,是概要设计的细化说明,就是详细设计每个模块的实现算法,以及所需的局部结构。详细设计阶段的任务主要是通过需求分析的结果,设计出满足用户需求的系统产品。

◆　任务导入

在网上商城系统项目的概要设计阶段中,已在系统的需求分析的基础上,对网上商城系统做了概要设计。概要说明书实际阶段的工作成果,说明了功能分配、模块划分、程序的总体结构、输入输出,以及接口设计、运行设计、数据结构设计和出错处理设计等,为详细设计提供了基础。前期工作主要解决了实现该系统需求的程序模块设计问题,包括如何把该系统划分成若干个模块,决定各个模块之间的接口、模块之间传递的信息,以及数据结构、模块结构的设计等。以下的详细设计报告将详细说明在上一阶段中对系统所做的所有概要设计。

程序开发人员可参考概要设计报告,在概要设计网上商城系统的模块结构的基础上，对系统进行详细设计。在以后的软件测试以及软件维护阶段也可参考此说明书，以便了解概要设计过程中所完成的各模块设计结构，或在修改时找出本阶段设计的不足或错误。

◆ 任务实施

1. 引言

1）编写目的

该阶段正式进入软件的实际开发阶段，本阶段完成系统的详细设计并明确系统的数据结构与软件结构。

软件设计阶段主要是把一个软件需求转化为软件表示的过程，这种表示只是描绘出软件的总体概貌。本详细设计说明书的目的是进一步细化软件设计阶段得出的软件总体概貌，并把它加工成在程序细节上非常接近于源程序的软件表示文档。

软件开发小组的每一位参与成员应该阅读本说明，以清楚产品在技术方面的要求和实现策略，本说明是进行技术评审和技术的可行性检查的重要依据。

2）背景

项目已完成概要设计说明书，本文档基于概要设计说明书完成。

软件系统的名称是网上商城系统。

3）定义

无。

4）参考资料

相关的文件包括：

a. 项目文件《网上商城系统可行性分析说明书》。

b. 项目文件《网上商城系统需求说明书》。

c. 项目文件《网上商城系统概要设计说明书》。

参考资料包括：

《软件详细设计说明书》。

2. 系统的结构

BS 网上商城系统前台和后台功能结构如图 5-14、图 5-15 所示。

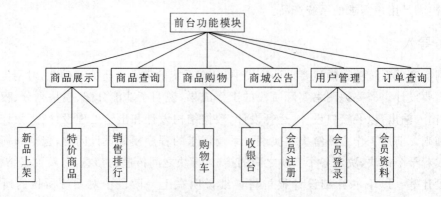

图 5-14　BS 网上商城系统前台功能结构

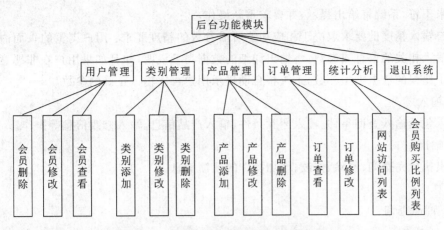

图 5-15　BS 网上商城系统后台功能结构

3. 产品管理程序设计说明

1）程序描述

商品的种类信息、详细信息全部通过终端保存在数据库服务器，管理员可以对这些信息进行增加、修改和删除操作。

2）功能

以商品信息查询为例完成 IPO 图的绘制（见图 5-16），增加、修改、删除操作的过程与查询的类似，不再重复作图。

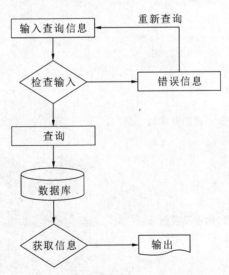

图 5-16　商品信息管理程序模块 IPO 图

3）性能

在输入产品信息时严格执行数据库表所要求的精度，如果数据不满足约束条件，则提示该信息的具体要求，请管理员参考要求再次输入数据。在查询条件输入正确的前提下，从数据库查找符合条件的数据，并输出；若输入信息出错，则给出出错提示。在执行数据删除和修改操作时，除了要求管理员填写正确数据外，还需提醒管理员再次确认删除动作以防误操作。管理员输入的精度要求主要取决于数据库的相关数据类型要求，如果管理员输入的参数与要求不符,系统将给出提示,并要求重新操作。

用户输入精度的要求取决于相应功能所需参数的精度要求:用户浏览的页面内如果需要用户输入相关的信息或参数,将给出详细的数据类型说明,并且如果用户在非恶意的情况下输入了错误的数据类型参数,系统将自动提示用户再次输入正确的参数。

4) 输入

输入包括输入查询条件、输入删除条件、输入产品信息、输入修改信息等操作。

5) 输出

输出执行完查询、删除、修改、增加操作的反馈信息。

6) 算法

(1) 商品查询:

```
输入查询条件;
if (check(数据))
    生成 SQL 语句;
else
    提醒用户重新输入(显示数据要求);
    发送 SQL 语句到数据库;
if(没查到)
    输出空结果集合;
else
    输出查询结果;
```

(2) 商品添加:

```
输入添加商品信息;
if (check(数据))
    生成 SQL 语句;
else
    提醒用户重新输入(显示数据要求);
    发送 SQL 语句到数据库;
if(数据插入成功)
    输出信息录入成功;
else
    输出录入不成功原因(如重复数据);
```

(3) 商品删除:

```
输入删除条件;
if (check(数据))
    生成 SQL 语句;
else
    提醒用户重新输入(显示数据要求);
    发送消息,提醒用户确认是否删除
if(是)
{
    发送 SQL 语句到数据库;
    if(数据删除成功)
```

```
        输出信息成功删除;
    else
        输出删除不成功原因(如数据不存在);
}
else
撤销 SQL 语句;
```

7）流程

产品模块流程如图 5-17 所示。

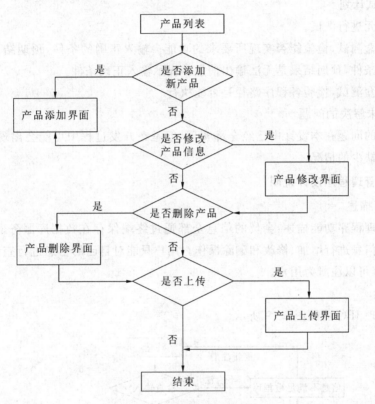

图 5-17 产品模块流程

8）接口

与本程序关联的 Product 表，如图 5-18 所示：

名	类型	长度	十进位	允许空?..	
id	int	11	0	☐	🔑
name	varchar	255	0	☑	
descr	varchar	255	0	☑	
normalprice	double	0	0	☑	
memberprice	double	0	0	☑	
pdate	datetime	0	0	☑	
categoryid	int	11	0	☑	

栏位 | 索引 | 外键 | 触发器 | 选项 | 注记

图 5-18 Product 表信息图

9）存储分配

本模块由系统自动分配内存。

10）注释设计

无。

11）限制条件

当系统第一次使用时，具有统一的用户 ID 和密码：超级用户和 123456。在三次验证错误后，系统自动关闭。

12）测试计划

对本单元进行测试。

进行黑盒测试，检验能否实现所要求的功能。输入正确的条件，预期结果是输出信息。输入错误的条件，预期结果是无法输出信息并提示输入正确条件。

进行白盒测试，检验各程序路径是否能执行。

13）尚未解决的问题

需求中的问题在本设计中已经全部实现，但是在开发过程中可能会出现功能不完善或者功能模块缺少的情况。

4. 用户管理程序设计说明

1）程序描述

用户管理程序功能描述：会员的信息全部通过终端保存在数据库服务器，管理员可以对所有用户信息进行增加、修改和删除操作。用户只能对自己的信息进行查询、修改和删除的操作；游客可以注册为用户。

2）功能

用户管理 IPO 图如图 5-19 所示。

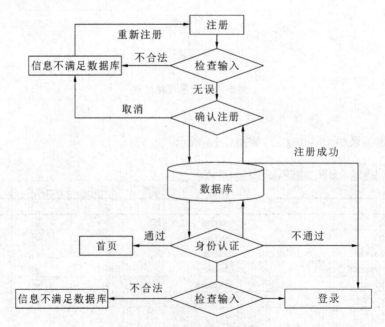

图 5-19　用户管理 IPO 图

3）性能

与商品管理类似，需进行数据检查后生成 SQL 语句发送给数据库，执行 SQL 操作，将操作结果反馈给用户或管理员。

4）输入项

输入项要求：用户名不能重复，密码不能直接显示在界面，邮箱须匹配格式。

5）输出项

针对用户注册和登录中的错误给予输入信息提示。

6）算法

针对管理员分页显示会员列表信息的分页算法：

```java
final int PAGE_SIZE=2; // 每页显示 2 条记录
    final int PAGES_PER_TIME=10; // 每次显示 10 个页码链接
    int pageNo=1;
    String strPageNo=request.getParameter("pageNo");
    if (strPageNo !=null && !strPageNo.trim().equals(""))
    {
        try
        {
            pageNo=Integer.parseInt(strPageNo);
        }
        catch (NumberFormatException e)
        {
            pageNo=1;
        }
    }
    if (pageNo<=0)
        pageNo=1;
        List<User>users=new ArrayList<User>();
        int totalRecords=User.getUsers(users, pageNo, PAGE_SIZE);
        int totalPages=(totalRecords+PAGE_SIZE-1) / PAGE_SIZE;

    if (pageNo>totalPages)
        pageNo=totalPages;
%>
<%
int start=((pageNo-1) / PAGES_PER_TIME) * PAGES_PER_TIME+1;
    for(int i=start; i<start+PAGES_PER_TIME; i++) {
                        if(i>totalPages) break;
                    if(pageNo==i) {
%>
<td bgcolor="#ffffff"> <u><b><%=i%></b></u> </td>
<%
} else {
%>
```

```
<td> 
<a href="UserList.jsp? pageNo=<%=i%>"><%=i%></a> 
</td>
<%
    }
}
%>
```

7) 流程

会员管理模块流程如图 5-20 所示。

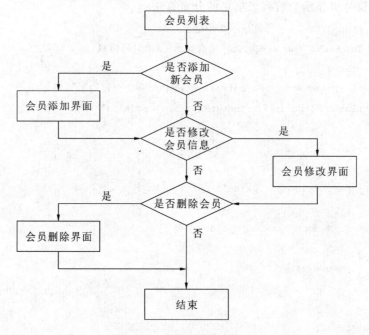

图 5-20　会员管理模块流程

8) 接口

接口包括界面接口和软件接口。界面接口用于连接网页中弹出的提示信息小窗,方便使用;软件接口用于连接数据库并访问数据库。

与本程序关联的 User 表,如图 5-21 所示。

栏位	索引	外键	触发器	选项	注记	
名	类型	长度	十进位	允许空?..	
▶id	int	11	0	☐	🔑
username	varchar	40	0	☑	
password	varchar	16	0	☑	
phone	varchar	40	0	☑	
addr	varchar	255	0	☑	
rdate	datetime	0	0	☑	

图 5-21　User 表的信息图

9) 存储分配

本模块由系统自动分配内存。

10) 注释设计

无。

11）限制条件

当系统第一次使用时，具有统一的用户 ID 和密码：超级用户和 123456。在三次验证错误后，系统自动关闭。

12）测试计划

对本单元进行测试。

进行黑盒测试，检验能否实现所要求的功能。输入正确的条件，预期结果是输出信息。输入错误的条件，预期结果是无法输出信息并提示输入正确条件。

进行白盒测试，检验各程序路径是否均能执行。

13）尚未解决的问题

需求中的问题在本设计中已经全部实现，但在开发工程中可能会出现功能不完善的情况。

通过对用户管理和商品管理的详细设计说明编写，发现内容有较多相似之处，后续说明将只完成程序描述，其余可参考以上内容自行补充完整。

5.订单管理程序设计说明

1）程序描述

订单管理程序功能的描述：订单的信息全部通过终端保存在数据库服务器，管理员可以对这些信息进行增加、修改和删除操作。软件应该提供对订单的增加和删除的操作；会员可以登录查看自己的订单信息及过去的交易记录。

2）功能

用户操作订单 IPO 图如图 5-22 所示。

用户可以通过购物生成新订单，管理员对订单操作除不能生成新订单外与用户操作相同。因为与上面模块相同，中间省略性能、输入项、输出项的描述。

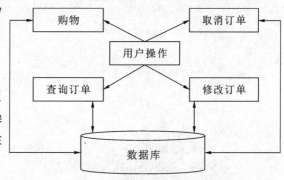

图 5-22　用户操作订单 IPO 图

3）算法

按 ID 排序所有订单的算法：

```
SalesOrder so=OrderMgr.getInstance().loadById(uid);
public SalesOrder loadById(int id)
{
    Connection conn=DB.getConn();
    Statement stmt=DB.getStatement(conn);
    ResultSet rs=null;
    SalesOrder so=null;
    try
    {
        String sql ="select salesorder.id, salesorder.userid, salesorder.odate,
salesorder.addr, salesorder.status , " +
                " user.id uid, user.username, user.password, user.addr uaddr,
user.phone, user.rdate from salesorder " +
```

```
                        " join user on (salesorder.userid=user.id) where salesorder.id="+
id;
        rs=DB.getResultSet(stmt, sql);
        if(rs.next())
        {
            User u=new User();
            u.setId(rs.getInt("uid"));
            u.setAddr(rs.getString("uaddr"));
            u.setUsername(rs.getString("username"));
            u.setPassword(rs.getString("password"));
            u.setPhone(rs.getString("phone"));
            u.setRdate(rs.getTimestamp("rdate"));
            so=new SalesOrder();
            so.setId(rs.getInt("id"));
            so.setAddr(rs.getString("addr"));
            so.setODate(rs.getTimestamp("odate"));
            so.setStatus(rs.getInt("status"));
            so.setUser(u);
        }
    }
    catch (SQLException e)
{
        e.printStackTrace();
}
    finally
{
        DB.close(rs);
        DB.close(stmt);
        DB.close(conn);
    }
    return so;
}
```

4) 流程

订单管理程序模块流程如图 5-23 所示。

5) 接口

与本程序关联的 salesorder 表,如图 5-24 所示。

6. 类别管理程序设计说明

类别管理程序功能的描述:商品的种类信息及详细信息全部通过终端保存在数据库服务器,只有管理员可以对这些信息进行增加、修改和删除操作。

产品类别模块流程如图 5-25 所示。

与本程序关联的 Category 表,如图 5-26 所示。

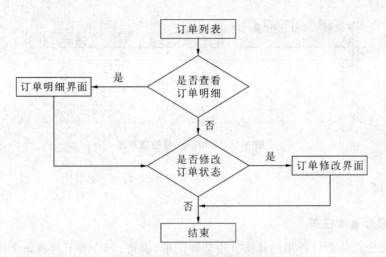

图 5-23 订单管理程序模块流程

名	类型	长度	十进位	允许空?..	
id	int	11	0	☐	🔑
userid	int	11	0	☑	
addr	varchar	255	0	☑	
odate	datetime	0	0	☑	
status	int	11	0	☑	

栏位 | 索引 | 外键 | 触发器 | 选项 | 注记

图 5-24 salesorder 表的信息图

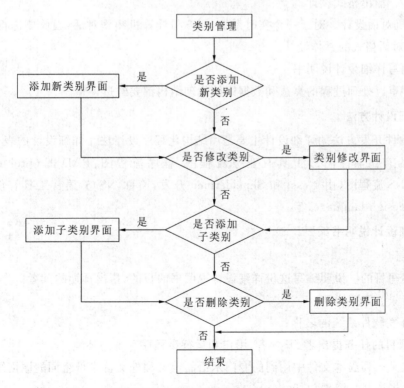

图 5-25 产品类别模块流程图

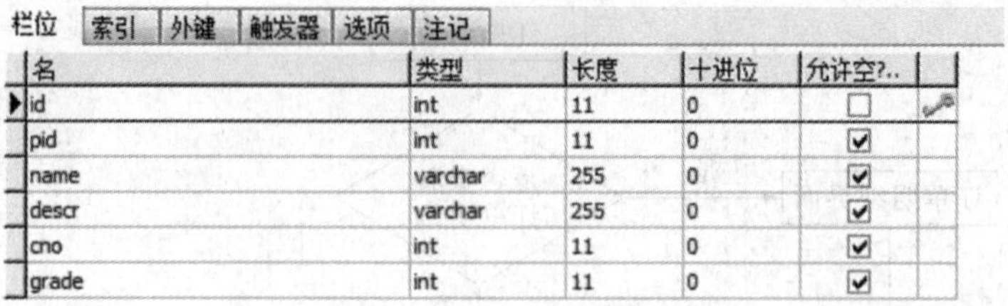

栏位	索引	外键	触发器	选项	注记		
名			类型	长度	十进位	允许空?..	
id			int	11	0	☐	🔑
pid			int	11	0	☑	
name			varchar	255	0	☑	
descr			varchar	255	0	☑	
cno			int	11	0	☑	
grade			int	11	0	☑	

图 5-26　Category 表的信息图

◆ 知识链接

1. 详细设计基本任务

（1）为每个模块设计详细的算法。用某种图形、表格、语言等工具将每个模块处理过程的详细算法描述出来。

（2）设计模块内的数据结构。对于需求分析、概要设计确定的概念性的数据类型应给出确切的定义。

（3）为数据结构进行物理设计，即确定数据库的物理结构。物理结构主要指数据库的存储记录格式、存储记录安排和存储方法，这些都依赖于具体使用的数据库系统。

（4）其他设计。根据软件系统的类型，还可能要进行以下设计：

① 代码设计。为了提高数据的输入、分类、存储、检索等操作，节约内存空间，对数据库中的某些数据项的值要进行代码设计。

② 输入/输出格式设计。

③ 人机对话设计。对于一个实时系统，用户与计算机频繁对话，因此要进行对话方式、对话内容、对话格式的具体设计。

（5）编写详细设计说明书。

（6）评审。处理过程的算法和数据库的物理结构都要经过评审。

2. 详细设计方法

传统软件开发方法的详细设计主要是用结构化程序设计法。详细设计的表示工具有图形工具和语言工具。图形工具有业务流程图、程序流程图、PAD 图（problem analysis diagram）、NS 流程图（由 Nassi 和 Shneidermen 开发，简称 NS）。语言工具有伪码和 PDL（program design language）等。

3. 详细设计说明书纲要

1）引言

（1）编写目的。说明编写这份详细设计说明书的目的，指出预期的读者。

（2）背景。需要说明：

a. 待开发软件系统的名称；

b. 本项目的任务提出者、开发者、用户和运行该程序系统的环境。

（3）定义。列出本文件中用到的专门术语的定义和外文首字母组词的原词组。

（4）参考资料。资料包括：

a. 本项目的经核准的计划任务书或合同、上级机关的批文；

b.属于本项目的其他已发表的文件；

c.本文件中各处引用到的文件资料及所设计的软件开发标准。

列出这些文件的标题、文件编号、发表日期和出版单位，说明能够取得这些文件的来源。

2）程序系统的结构

用一系列图表列出本程序系统内的每个程序（包括每个模块和子程序）的名称、标识符和它们之间的层次结构关系。

3）程序1（标识符）设计说明

逐个给出各个层次中的每个程序的设计说明。对于一个具体的模块，尤其是层次比较低的模块或子程序，其很多条目内容往往与它隶属的上一层模块的对应条目内容相同。这时，只要简单地说明这一点即可。一般情况下，程序的设计说明应列出以下内容。

（1）程序描述。给出对该程序的简要描述，主要说明安排设计本程序的目的意义，还要说明本程序的特点（是常驻内存还是非常驻内存？是否是子程序？是可重入的还是不可重入的？有无覆盖要求？是顺序处理还是并发处理等）。

（2）功能。说明该程序应具有的功能，可采用IPO图的形式说明。

（3）性能。说明该程序的全部性能要求，包括对精度、灵活性和时间特性的要求。

（4）输入项。给出每一个输入项的特性，包括名称、标识、数据的类型和格式、数据值的有效范围、输入的方式，以及数量、频度、输入媒体、输入数据的来源、安全保密条件，等等。

（5）输出项。给出每一个输出项的特性，包括名称、标识、数据的类型和格式、数据值的有效范围、输出的形式，以及数量、频度、输出媒体、输出图形及符号的说明、安全保密条件，等等。

（6）算法。详细说明本程序所选用的算法、具体的计算公式和计算步骤。

（7）流程逻辑。用图表（例如流程图、判定表等）辅以必要的说明来表示本程序的逻辑流程。

（8）接口。用图的形式说明本程序隶属的上一层模块及隶属于本程序的下一层模块、子程序，说明参数赋值和调用方式，说明与本程序直接关联的数据结构（数据库、数据文卷）。

（9）存储分配。根据需要，说明本程序的存储分配。

（10）注释设计。说明准备在本程序中安排的注释，如：

a.加在模块首部的注释；

b.加在各分支点处的注释；

c.对各变量的功能、范围、缺省条件等加的注释；

d.对使用的逻辑所加的注释。

（11）限制条件。说明本程序运行的限制条件。

（12）测试计划。说明对本程序进行单体测试的计划，包括对测试的技术要求、输入数据、预期结果、进度安排、人员职责、设备条件驱动程序及桩模块等的规定。

（13）尚未解决的问题。说明在本程序设计中尚未解决而设计者认为在软件完成之前应解决的问题。

4）程序2（标识符）设计说明

用类似模块F.3的方式，说明第2个程序乃至第N个程序的设计考虑。

思考练习

详细设计的目标和任务是什么?

 拓展任务

完成学生管理信息系统的详细设计。

任务评价卡

任务编号	05-04		任务名称	编写详细设计报告		
任务完成方式	□小组协作　□个人独立完成					
项目	等级指标			自评	互评	师评
资料搜集	A.能通过多种渠道搜集资料,掌握技术应用、特性。 B.能搜集部分资料,了解技术应用、特性。 C.搜集渠道单一,资料较少,对技术应用、特性不熟悉					
操作实践	A.有很强的动手操作能力,实践方法取得显著成效。 B.有较强的动手操作能力,实践方法取得较好成效。 C.掌握基本动手操作能力,实践方法有一定成效					
成果展示	A.成果内容丰富,形式多样,且很有条理,能很好地解决问题。 B.成果内容较多,形式较简单,比较有条理,能解决问题。 C.成果内容较少,形式单一,条理性不强,能基本解决问题					
过程体验	A.熟练完成任务,理解并掌握本任务相关知识技能。 B.能完成任务,掌握本任务相关知识技能。 C.完成部分任务,了解本任务相关知识技能					
合计	其中 A 为 86~100 分,B 为 71~85 分,C 为 0~70 分。A 为优秀, B 为良好,C 为尚需加强操作练习					
任务完成情况	1.系统结构(优秀、良好、合格)。 2.设计说明(优秀、良好、合格)。 3.总体设计报告(优秀、良好、合格)					
存在的主要问题:						

项目 **6** 访问数据库

数据库连接对动态网站来说是最为重要的部分,Java 中连接数据库的技术是 JDBC (Java database connectivity,Java 数据库连接)。很多数据库系统带有 JDBC 驱动程序,Java 程序就通过 JDBC 驱动程序与数据库相连,执行查询、提取数据等操作。Oracle 公司开发了 JDBC-ODBC 桥,通过 JDBC-ODBC 桥,Java 程序可以访问带有 ODBC(open database connectivity)驱动程序的数据库,目前大多数数据库系统都带有 ODBC 驱动程序,所以 Java 程序能访问 Oracle、Sybase、MS SQL Server 和 MS Access 等数据库。

任务1 数据库创建

数据库操作是程序应用的重要技术之一,大部分 Java Web 应用程序都离不开数据库的 应用。如何获取数据库数据、添加数据、删除数据,以及如何对数据库进行管理,是每个程序 开发都必须面对的问题。Java Web 作为跨平台的网络程序开发利器,能够非常方便地通过 JDBC 访问各类数据库。

◆ 任务导入

参考详细设计中的数据表结构设计在数据库中创建 shop.db 数据库,其中包含八张表。

◆ 任务实施

1. 新建数据库

创建一个新的 Database(数据库):右击 root@localhost,选择 Create Database,如图 6-1 所示;或者使用快捷键 Ctrl+D。

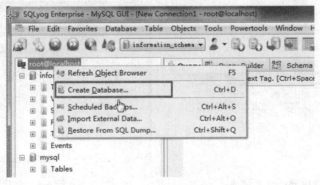

图 6-1 创建数据库

然后,输入数据库名字,如 mytest,Database charset(字符集)和 Database collation(排序)选择默认值,单击 Create(创建),如图 6-2 所示。

此时,数据库列表中出现了新建的数据库 mytest,如图 6-3 所示。

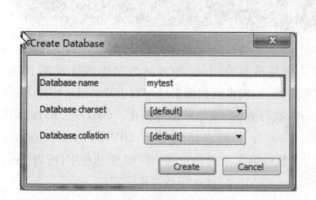

图 6-2 定义数据库名称

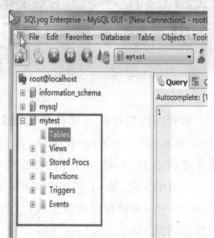

图 6-3 列表显示数据库

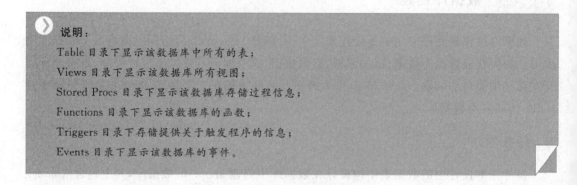

说明:

Table 目录下显示该数据库中所有的表;

Views 目录下显示该数据库所有视图;

Stored Procs 目录下显示该数据库存储过程信息;

Functions 目录下显示该数据库的函数;

Triggers 目录下存储提供关于触发程序的信息;

Events 目录下显示该数据库的事件。

为保证后续操作均在 mytest 数据库下进行,一定要先选中 mytest,如图 6-4 所示(方框突出处)。

2. 新建表

右击 Tables,选择 Create Table,如图 6-5 所示。

图 6-4 选中 mytest 数据库

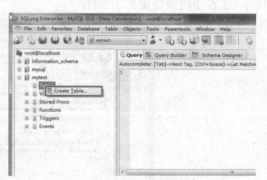

图 6-5 创建表

然后，按照图 6-6 所示创建表的结构，逐项输入内容：

其中 PK 选项代表的是主键，主键是唯一标识表记录的字段；

Not Null 选项代表的是不能为空，选中就代表此字段不能为空。

选择完以后单击 Create Table，如图 6-6 所示。弹出如图 6-7 所示窗口。

用户信息表：

输入表名，如 user，单击 OK 完成表的创建。

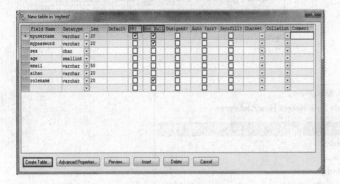

图 6-6　创建表结构

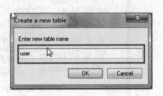

图 6-7　存储表

专业信息表的创建过程如图 6-8 和图 6-9 所示。

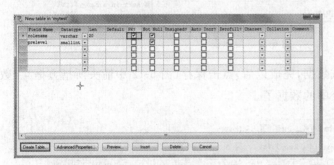

图 6-8　角色表

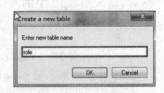

图 6-9　存储角色表

两张表创建成功以后，选择 mytest→Tables，会看到如图 6-10 所示界面。

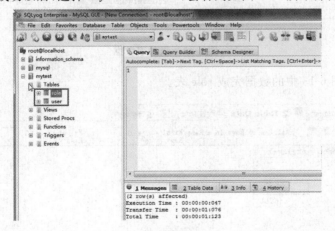

图 6-10　显示表

3. 添加数据

右击 user 表，选择 Open Table，如图 6-11 所示。

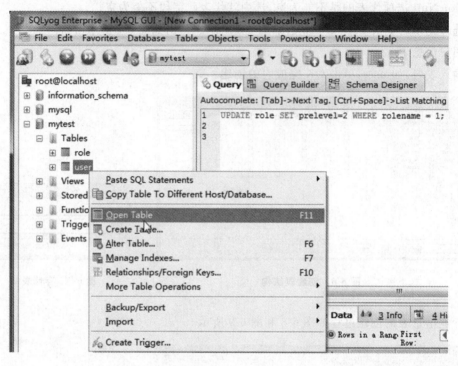

图 6-11   显示表

然后，输入图 6-12 中的测试数据，完成以后，点击保存（图 6-12 中箭头所指方框）。数据添加完成后，就可以访问 user 表中的数据了。

	myusername	mypasswerd	sex	age	email	aihao	rolename
	admin	admin	男	20	admin@163.com	篮球	超级管理员
	test	test	男	21	test@163.com	排球	管理员
	test1	test1	女	22	test1@163.com	足球	一般用户
	test2	test2	男	22	test2@163.com	唱歌	一般用户
	李雷	123	男	20	lilei@sohu.com	跳舞	一般用户
*	(NULL)	(NULL)	(NULL)	(NULL)	(NULL)	(NULL)	(NULL)

图 6-12   添加表数据

同理，输入图 6-13 中的数据完成 role 表。

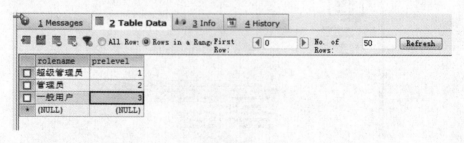

	rolename	prelevel
	超级管理员	1
	管理员	2
	一般用户	3
*	(NULL)	(NULL)

图 6-13   完成 role 表

再介绍一下外键,外键是用于建立和加强两张表数据之间链接的一列或多列。通过将保存表中主键值的一列或多列添加到另一张表中,可创建两张表之间的链接。这个列就成为第二张表的外键,外键为两张表建立起一个链接。具体创建步骤如下:

首先,右击 user,选择 Relationships/Foreign Keys,如图 6-14 所示。

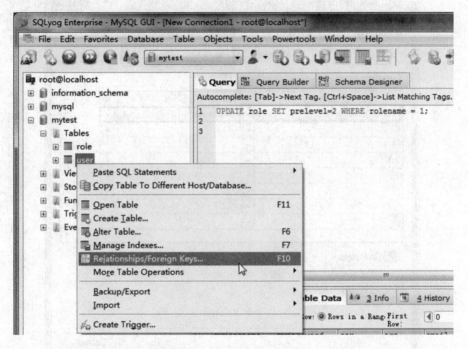

图 6-14　创建外键步骤一

其次,单击 New,如图 6-15 所示。

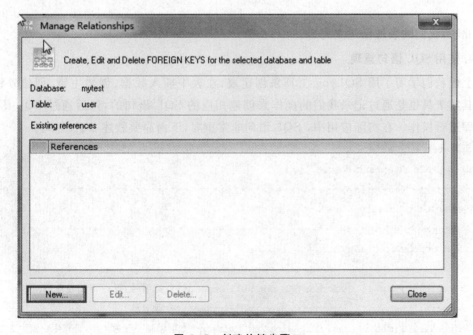

图 6-15　创建外键步骤二

然后,弹出如图 6-16 所示对话框,在右上角方框所示位置选择关联表(此处为 role),在下方两个方框所示位置选择两张表相关字段(此处都是 rolename),选择好后,单击 Create 完成外键的创建。

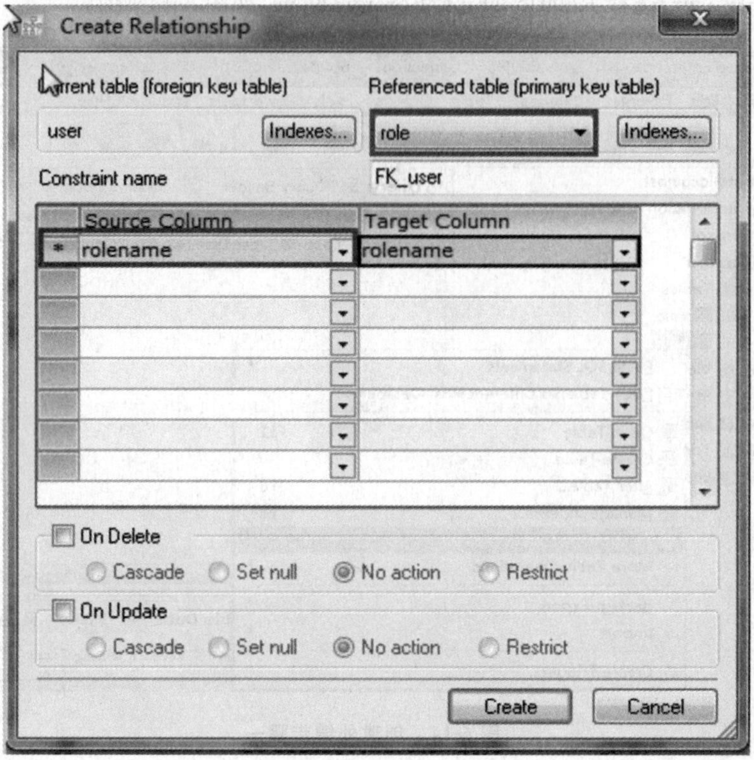

图 6-16   完成外键的创建

此时,我们的表就已建立完成。

4. 使用 SQL 语句重现

上面我们学习了用 SQLyog 工具来创建表、在表中插入数据、创建主键、创建外键,等等。其实工具也是通过记录我们的操作来创建相应的 SQL 语句的,然后通过 SQL 语句对数据库进行操作。在实际应用中,SQL 语句非常重要,下面简要叙述 SQL 语句。

```sql
drop table if exists student;
drop table if exists specialty;
/* ============================================================= */
/* Table: specialty                                           * /
/* ============================================================= */
create table specialty
(
  specialtyid        varchar(50) not null comment'专业编号:见教育部专业目录',
  specialtyname      varchar(50) not null comment'专业名称',
  specailtylimit     numeric(3,1)not null comment'本科学制一般为 4 年,研究生一般为 2.5 年',
  primary key (specialtyid)
);
```

```
alter table specialty comment'专业信息包括专业号、专业名称、专业学制(如 4,2.5)';
/* ============================================================= * /
/* Table: student                                              * /
/* ============================================================= * /
create table student
(
    studentid           varchar(50) not null comment'学生学号包含入学时间+班级编号+序号',
    specialtyid         varchar(50) comment'专业编号:见教育部专业目录',
    studentname         varchar(50) not null comment'学生姓名',
    studentsex          varchar(2) not null comment'填写''男''或''女''',
    primary key (studentid)
);
alter table student comment'学生信息';
alter table student add constraint FK_Relationship_1 foreign key (specialtyid)
    references specialty (specialtyid) on delete restrict on update restrict;
```

◆ 知识链接

1. 任务要求

下载并安装 MySQL。

任务完成检查点:选择 Win+R 组合键打开运行界面,键入 cmd,进入命令行窗口。键入 mysql-uroot-p,root 是默认登录用户名,在 Enter password 文本框中键入登录密码。

如果出现"Welcome to the MariaDB monitor",就说明安装成功了。

2. 辅助材料

MySQL 是一种开放源代码的关系型数据库管理系统,MySQL 数据库系统使用最常用的数据库管理语言——结构化查询语言(SQL)进行数据库的管理。

由于其体积小、速度快、总体拥有成本低,尤其是开放源码这一特点,MySQL 被广泛地应用在 Internet 上的中小型网站中。

读者可以从官方网站 http://www.mysql.com/downloads/免费获取 MySQL 安装包,如图 6-17 所示。

图 6-17　Mysql 安装包下载

免费下载 MySQL 的社区版,根据自己的电脑配置选择相应链接就能下载所需的安装包。

3. 安装配置方法

假定下载后的 MySQL 安装包为"mysql-5.1.53-win32.exe",双击图标,逐步按提示完成安装。安装完成后需要配置 MySQL 服务器。通过手动精确配置(Detailed Configuration),按照如图 6-18 所示 8 个步骤,分别配置服务器类型、用途、并发数、访问端口与权限等,直至执行完成。

图 6-18　配置流程图示

1) 选择服务器类型

该页面可选择的服务器类型有 3 种,根据占用内存、磁盘和 CPU 等资源的多少,分为 Developer Machine(开发测试类,MySQL 占用很少资源)、Server Machine(服务器类型,MySQL 占用较多资源)、Dedicated MySQL Server Machine(专门的数据库服务器,MySQL 占用所有可用资源),根据自己需要的类型选择(服务器类型的文字解释可在图上注明),如图 6-19 所示。

2) 选择服务器用途

接下来,选择 MySQL 数据库的大致用途,包括 Multifunctional Database(通用多功能型,好)、Transactional Database Only(专注于事务处理,一般)、Non-Transactional Database Only(非事务处理型,较简单)。默认选择 Multifunctional Database,如图 6-20 所示。

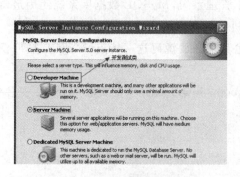

图 6-19　服务器类型选择

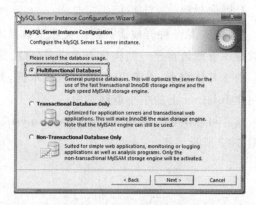

图 6-20　安装类型选择

3) 选择最大允许并发链接数

并发链接数,即可以同时访问 MySQL 的数目,包括 Decision Support(DSS)/OLAP(20 个左右)、Online Transaction Processing(OLTP)(500 个左右)、ManualSetting(手动设置,输入一个数值)。这里选 ManualSetting,键入 100,单击 Next,如图 6-21 所示。

4) 选择访问端口

启用 TCP/IP Networking,即 Internet 网络连接,若不勾选此项则其他计算机无法访问,端口号默认是 3306。这里将图中的 Add firewall exception for this port 选项勾选上,以免被防火墙阻拦,如图 6-22 所示。

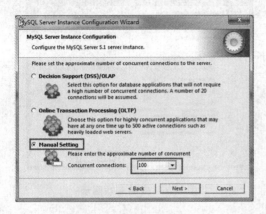

图 6-21　并发访问数选择

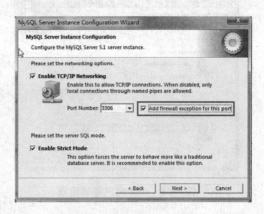

图 6-22　访问端口选择

5）选择字符集标准

MySQL 对于字符集的指定可以细化到一个数据库、一张表、一列。安装 MySQL 时,可以在配置文件(my.ini)中指定一个默认的字符集,如果没指定,这个值继承自编译时指定的;如果字符集的设置选择默认值,那么所有的数据库的所有表的所有栏位都用 latin1 存储。然而客户一般都会考虑多语言支持,所以需要将默认值设置为 utf8。这里我们选择第二项 Best Support For Multilingualism,此项采用的是 UTF-8 编码标准,如图 6-23 所示。

6）注册环境变量

选中 Install As Windows Service 复选框,Service Name 的值指定为默认值即可,同时选中 Include Bin Directory in Windows PATH 复选框,则系统变量中添加安装 Bin 目录,这样方便在命令行模式下运行,如图 6-24 所示。

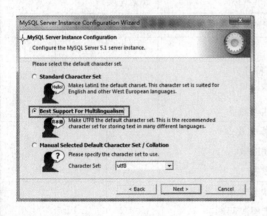

图 6-23　字符集选择

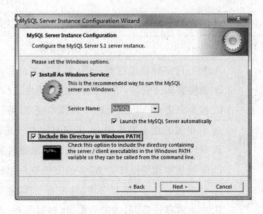

图 6-24　注册环境变量

7）权限设置

该页面为超级管理员 root 用户设置访问密码,此处设置为 123,如图 6-25 所示。

8）执行配置

单击 Execute 按钮,如果出现图 6-26 所示界面,单击 Finish,即配置成功了。

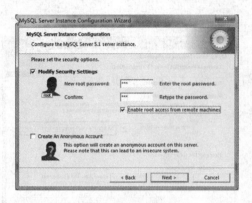 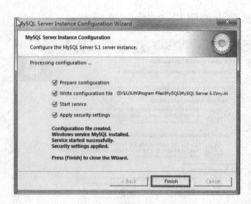

图 6-25　root 用户密码设置　　　　　图 6-26　安装成功图示

 思考练习

如果 MySQL 常用端口号被占用怎么办?

 拓展任务

　　由于在企业真实工程中,考虑到应用需求及数据安全性等原因,可能选择其他数据库环境。请参考上文中数据库的样式,在 SQL Server 中创建一个数据库,或者在其他数据库环境中创建一个数据库。

任务评价卡

任务编号	06-01		任务名称	数据库实现		
任务完成方式	□小组协作　□个人独立完成					
项目	等级指标			自评	互评	师评
资料搜集	A. 能通过多种渠道搜集资料,掌握技术应用、特性。 B. 能搜集部分资料,了解技术应用、特性。 C. 搜集渠道单一,资料较少,对技术应用、特性不熟悉					
操作实践	A. 有很强的动手操作能力,实践方法取得显著成效。 B. 有较强的动手操作能力,实践方法取得较好成效。 C. 掌握基本动手操作能力,实践方法有一定成效					
成果展示	A. 成果内容丰富,形式多样,且很有条理,能很好地解决问题。 B. 成果内容较多,形式较简单,比较有条理,能解决问题。 C. 成果内容较少,形式单一,条理性不强,能基本解决问题					
过程体验	A. 熟练完成任务,理解并掌握本任务相关知识技能。 B. 能完成任务,掌握本任务相关知识技能。 C. 完成部分任务,了解本任务相关知识技能					
合计	其中 A 为 86~100 分,B 为 71~85 分,C 为 0~70 分。A 为优秀,B 为良好,C 为尚需加强操作练习					

项目	等级指标	自评	互评	师评
任务 完成 情况	1. 创建数据库(优秀、良好、合格)。 2. 创建表(优秀、良好、合格)。 3. 添加数据(优秀、良好、合格)			
存在的主要问题:				

任务2 操作数据

数据库操作是程序员应用的重要技术之一,大部分 Web 应用程序都离不开数据库的应用。如何写入数据并对数据库进行管理,是每个程序开发者都必须面对的问题。JSP 作为跨平台的网络程序开发利器,能够非常方便地通过 JDBC 访问各类数据库。

◆ 任务导入

能在 JSP 中使用 Java 的 JDBC 技术,能对数据库中表记录的数据进行添加操作。

◆ 任务实施

1. 使用 JDBC-ODBC 连接数据库

JDBC 是数据库连接技术的简称,提供连接和访问各种数据库的能力。Internet 上连接的数据库大多数在使用的硬件平台、操作系统或数据库管理系统等方面不相同,如何对这些异构数据库进行查询和使用就成了首要问题。

JDBC 是一种用于执行 SQL 语句的 Java API,可以为多种关系数据库提供统一访问,它由一组用 Java 语言编写的类和接口组成。

JDBC 提供了一种基准,据此可以构建更高级的工具和接口,使数据库开发人员能够编写数据库应用程序。有了 JDBC,Java 程序员就可以为不同的数据库编写相同的程序。本项目的先学知识是数据库原理和 SQL 语言。

在开发应用程序时,我们只需加载正确的 JDBC 驱动,就可以调用 JDBC API 进行数据库的正常访问了。

2. 设置数据源

(1)首先设置 ODBC 数据源,具体步骤:打开控制面板→管理工具→数据源(ODBC),打开数据源,如图 6-27 所示。

(2)选择【系统 DSN】,界面如图 6-28 所示。

(3)选择【添加】,出现【创建新数据源】对话框,如图 6-29 所示。

(4)选择 MySQL ODBC 5.3 ANSI Driver,如图 6-30 所示。

(5)填写数据库信息,如图 6-31 所示。

(6)单击【确定】,返回【ODBC 数据源管理器】对话框,系统数据源中出现新建的数据源,如图 6-32 所示。

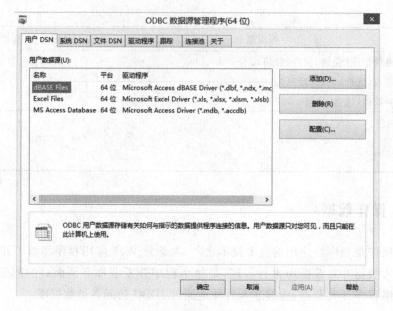

图 6-27　数据源管理程序

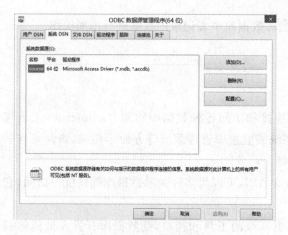

图 6-28　【系统 DSN】界面

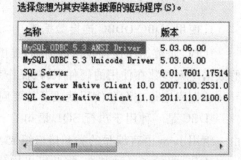

图 6-29　【创建新数据源】对话框

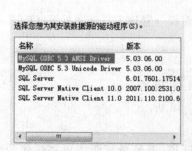

图 6-30　数据源驱动选择

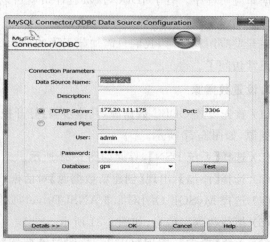

图 6-31　填写数据库信息

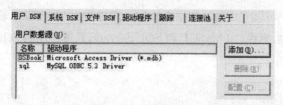

图 6-32　用户 DSN

3. 建立数据库连接

创建与数据库的连接时使用如下代码：

Connection conn ＝ DriverManager. getConnection（url，user，password）；注意采用 DriverManager 类中的 getConnection()方法实现与 URL 所指定的数据库建立连接并返回一个 Connection 类的对象，以后对这个数据库的操作都是基于该 Connection 类对象。

相应代码为

```
classDriver="sun.jdbc.odbc.JdbcOdbcDriver"
    url="jdbc:odbc:MySQL"
```

范例：

```
Class.forName("sun.jdbc.odbc.JdbcOdbcDriver");
  Connection conn=DriverManager.getConnection("jdbc:odbc:MySql","","");
  Statement stmt=conn.createStatement();
  ResultSet rs=stmt.executeQuery("select * from userinfo");
  while(rs.next())
  {
  out.print ("<br>用户名:"+rs.getString ("username") +"密码:"+rs.getString ("
  password"));
  }
  rs.close();
  stmt.close();
  conn.close();
```

4. 操作数据库

数据库操作主要包括向数据库插入、删除、更新数据以及查询数据库，这些操作主要是通过向数据库传递不同的 SQL 语句完成的，执行插入、删除、更新语句之后一般都要判断执行是否成功，查询数据库获得的结果可能不止一条数据，所以用 ResultSet(结果集)对象保存查询结果，用一个光标指示 ResultSet 对象的当前行，调用 next()函数移动光标，从而对查询结果集的所有行实施操作。

以下是这些操作的常用代码，在这些示例中，首先建立了一个数据库 testDB，并在该数据库中建立了一张包含 name、age 和 sex 三个属性的 student 表，其中 name 是主键，建立 student 表的标准 SQL 语句如下：

```
create table student(
name char(10) primary key,
ageint(4),
sex char(2) );
```

在建好的数据库中可以完成如下数据库操作。需要指出：下面 Java 程序段中使用的是标准 SQL 语句，对于不同的数据库（如 MySQL 和 SQL Server），具体使用的 SQL 语句可能有差异。

1）插入数据

```
Statement stmt=null;
stmt=conn.createStatement();
String sql="insert into student (name,age,sex) values('张三',23,'男')";
if(stmt.executeUpdate(sql)==1)
    out.print("数据插入操作成功!");
else
    out.print("数据插入操作失败!");
```

2）删除数据

```
Statement stmt=null;
stmt=conn.createStatement();
String sql="delete from student where age=23";
    try{
int count=stmt.executeUpdate(sql);
    out.print("删除了 "+count+"条符合条件的记录");   }
catch(Exception e){
out.print("删除过程出现错误!"); System.out.print(e.getMessage()); }
```

3）更新数据库

```
stmt=conn.createStatement();
String sql="update student set age=25 where name='张三'";
    try{
int count=stmt.executeUpdate(sql);
    out.print("更新了 "+count+"条符合条件的记录");    }
catch(Exception e){
    out.print("更新过程出现错误!"); System.out.print(e.getMessage()); }
```

4）查询数据库

（1）对于某些前期设计好的数据库，程序开发者并不了解这些数据库的详细结构。此时，程序开发者通过 Database Meta Data 类的对象及调用其中的方法可以获得数据库的详细信息，主要是获得数据库中的表，以及表中各列的数据类型和存储过程等信息。根据这些信息，可以进一步操作该数据库。

```
DatabaseMetaDatadbms=conn.getMetaData();
// 获取此 JDBC 驱动程序的名称
    System.out.println("数据库的驱动程序为 "+dbms.getDriverName());
```

（2）查询数据库得到结果集。

```
Statement stmt=null;
stmt=conn.createStatement(); String sql="select * from student";
ResultSetrs=stmt.executeQuery(sql);    //执行查询 while(rs.next()){   //用循环遍历所有行
out.println (rs.getString("name")+""+rs.getString("sex")); }   //获得当前记录集中的当前行的各字段的值
```

5. 关闭数据库连接

建立数据库连接对象之后,便等于打开了数据库,而在程序进行处理之后,必须用下面的方法关闭数据库,格式为

```
对象名称.close();
```

一般来说,先关闭结果集,然后关闭 Statement 对象,最后关闭数据库连接,代码如下:

```
rs.close();          //如果有 ResultSet 对象 rs,则先关闭结果集
stmt.close();        //关闭 Statement 对象 stmt
conn.close();        //关闭 Connection 对象 conn
```

◆ 知识链接

要在 JSP 页面中访问数据库,首先要实现 JSP 程序与数据库的连接。JDBC 中通过提供 DriverManager 类和 Connection 对象实现数据库的连接。同时,连接数据库通常有两种形式:一是通过 JDBC-ODBC 桥连接;二是通过数据库系统专用的 JDBC 驱动程序实现连接。大多数的数据库,如 Microsoft Access、Microsoft SQL Server、My SQL 和 Oracle 都可以采用这两种形式,本书以 Microsoft SQL Server 为例进行详细介绍。

1. DriverManager

JDBC 通过对特定数据库厂商的数据库操作细节进行抽象,得到一组类和接口,这些类和接口包含在 java.sql 包中,这样,任何具有 JDBC 驱动的数据库都可以使用,从而实现数据库访问功能的通用化。

DriverManager 类是 JDBC 的管理层,作用于用户和驱动程序之间。它跟踪可用的驱动程序,并在数据库和相应驱动程序之间建立连接。该类负责加载、注册 JDBC 驱动程序,管理应用程序和已注册的驱动程序的连接。DriverManager 类的常用方法见表 6-1。

表 6-1　DriverManager 类的常用方法

方法名	功能说明
Static connection getConnection(String url, String user, String password)	用于建立到指定数据库 URL 的连接。其中 URL 为 jdbc:subprotocol:subname 形式的数据库;user 为数据库用户名;password 为用户的密码
Static Driver getDriver(String url)	用于返回能够打开 URL 所指定的数据库驱动程序

对于简单的应用程序,一般程序员只需要直接使用该类的方法 DriverManager.getConnection 进行连接。调用方法 Class.forName 将显式地加载驱动程序类。使用 JDBC-ODBC 桥驱动程序建立连接的语句如下:

```
Class.forName("sun.jdbc.odbc.JdbcOdbcDriver");
String url="jdbc:odbc:ShopData";
DriverManager.getConnection(url,"sa","");
```

2. Connection

Connection 接口代表与数据库的连接,并拥有创建 SQL 语句的方法,以完成基本的 SQL 操作,同时为数据库事务处理提供提交和回滚的方法。一个应用程序可与单个数据库有一个或多个连接,也可以与多个数据库有连接,Connection 接口的常用方法见表 6-2。

表 6-2　Connection 接口的常用方法

序号	方法名	功能
1	createStatement()	创建一个 Statenment 对象,这个对象用来执行 SQL 语句
2	createStatement(int resultSetType, resultSetConcurrency)	创建一个 Statement 对象,且该对象生成具有给定类型和并发性的 ResultSet 对象
3	commit()	提交对数据库的更改,使更改生效
4	close()	使用完连接后必须关闭

 思考练习

简述数据在数据库中的存储方式。

 拓展任务

完成数据的查找、写入、修改、删除基本操作。

任务评价卡

任务编号	06-02		任务名称	连接数据库		
任务完成方式	□小组协作　□个人独立完成					
项目	等级指标			自评	互评	师评
资料搜集	A.能通过多种渠道搜集资料,掌握技术应用、特性。 B.能搜集部分资料,了解技术应用、特性。 C.搜集渠道单一,资料较少,对技术应用、特性不熟悉					
操作实践	A.有很强的动手操作能力,实践方法取得显著成效。 B.有较强的动手操作能力,实践方法取得较好成效。 C.掌握基本动手操作能力,实践方法有一定成效					
成果展示	A.成果内容丰富,形式多样,且很有条理,能很好地解决问题 B.成果内容较多,形式较简单,比较有条理,能解决问题。 C.成果内容较少,形式单一,条理性不强,能基本解决问题。					
过程体验	A.熟练完成任务,理解并掌握本任务相关知识技能。 B.能完成任务,掌握本任务相关知识技能。 C.完成部分任务,了解本任务相关知识技能					
合计	其中 A 为 86~100 分,B 为 71~85 分,C 为 0~70 分。A 为优秀,B 为良好,C 为尚需加强操作练习					
任务完成情况	1.使用 JDBC-ODBC 连接数据库(优秀、良好、合格)。 2.设置数据源(优秀、良好、合格)。 3.建立数据库连接(优秀、良好、合格)。 4.操作数据(优秀、良好、合格)					
存在的主要问题:						

项目 **7** 导入 JavaBean

任务 1 **编写** JavaBean

JavaBean 事实上有三层含义。首先,JavaBean 是一种在 Java(包括 JSP)中可重复使用的 Java 组件的技术规范。其次,JavaBeans 是一个 Java 类,一般来说,这样的 Java 类将对应于一个独立的 .java 文件,在绝大多数情况下,这应该是一个 public 类型的类。最后,当 JavaBeans 这样的 Java 类在具体的 Java 程序中被实例后,我们有时也会将这样的 JavaBeans 实例称为 JavaBeans。

◆ **任务导入**

以最广泛使用的连接数据库为例,完成一个完整 JavaBean 的编写。

◆ **任务实施**

JavaBean 实质上就是一种遵循特殊规范的 Java 类,所以创建一个 JavaBean 就是按照某种规范来创建一个 Java 类。

上一个项目我们连接数据库的代码是直接写入 JSP 页面的,这样的编程会产生大量冗余代码,更合理的做法是将连接数据库代码封装到 JavaBean 中,在需要操作数据库时调用该 JavaBean。

可以在任何 Java 程序编辑环境下创建以下代码。

```
package SqlConn;
import java.sql.*;
import java.lang.*;
import java.util.*;
public class Conn
{
  String sDBDriver="com.microsoft.jdbc.sqlserver.SQLServerDriver";
  String sConnStr="jdbc:microsoft:sqlserver://你的 IP:1433;DatabaseName= MyData;
user= sa;password= 1234";
  /*以上代码可改为:DatabaseName= 你的数据库名,user= 用户名,password= 密码*/
  Connection conn= null;
  ResultSet rs= null;
  public Conn()
```

```
    {
       try
         {Class.forName(sDBDriver);
       }
       catch(ClassNotFoundException e)
       {
         System.out.println("无法建立数据库连接!:"+ e.getMessage());
       }
    }
public void executeUpdate(String sql) throws Exception
{
    sql= new String(sql.getBytes("GBK"),"ISO8859_1");
    try
    {
       conn= DriverManager.getConnection(sConnStr);
       Statement stmt= conn.createStatement();
       stmt.executeUpdate(sql);
       conn.close();
       stmt.close();
    }
    catch(SQLException ex)
    {
       System.out.println("更新数据操作失败!"+ ex.getMessage());     }
}
public ResultSet executeQuery(String sql) throws Exception
{
    rs= null;
    try
    {
    sql= new String(sql.getBytes("GBK"),"ISO8859_1");
    conn= DriverManager.getConnection(sConnStr);
    Statement stmt= conn.createStatement();
    rs= stmt.executeQuery(sql);
    conn.close();
    stmt.close();
    }
    catch(SQLException ex)
    {
       System.out.println("执行查询出错!"+ ex.getMessage());


    }
      return rs;
}
}
```

将上述源码存为 Conn.java,我们就完成了 JavaBean 的创建,但还不能直接使用,需要通过 JDK 的 javac.exe 命令将其编译为字节码文件。

JavaBean 在实际应用中用"包"的概念来分类管理,因此要将编译生成的 Conn.class 字节码文件放入 SqlConn 文件夹中才能正常使用。

以后我们在 JSP 页面中就可以这样调用这个 JavaBean 了:

```
< jsp:useBean id= "Conn" scope= "page" class="SqlConn.Conn"/>
```

id:表示在 JSP 页面中使用的 Bean 对应的名称;scope 表示权限是在本页内;class 表示是来自 SqlConn 包下面的 Conn.class 这个 Bean。

上面我们把基本的操作写在了 JavaBean 中,下面我们给出一个完整的调用页面,存为 index.jsp。

```
<%@page contentType="text/html; charset= GBK"%>
<%@page import="java.sql.*"%>
<jsp:useBean id="Conn" scope="page" class="SqlConn.Conn"/>
<%
  String uname=request.getParameter("username");
  String pwd=request.getParameter("passwd");
  if (uname.length()!=0)    //表示通过登录进入
  {
    if (pwd.length()==0)
    {
out.println ("<script language=JavaScript>alert('密码不能为空');javascript:history.
back();</script>");
    }
    else
    {
    ResultSet rt= Conn.executeQuery("select username from [sysuser] where username='"
+uname+"'and pwd='"+pwd+"'" );    //我们这里连接的是 MyData 数据库,sysuser 是其中的一
张表
    if (! rt.next())
     {
       out.println("用户名密码错误");
      }
     else
       {
         out.println("登录成功!");
       }
    }
  }
%>
<html>
<head></head>
<body>
```

```
<form action=index.jsp method=POST>
<table>
<tr>
<td>用户名:</td> <td> <input type="text" name="username" size="16"> </td>
</tr>
<tr>
<td>密码:</td> <td> <input type="text" name="passwd" size="16"> </td>
</tr>
<tr>
<td> </td> <td> <input type="submit" name="btn1" value="登录"> </td>
</tr>
</table>
</form>
</body>
</html>
```

◆ 知识链接

JavaBeans 从狭义来说,指的是 JavaBeans 规范也就是位于 java. beans 包中的一组 API。从广义上来说,JavaBeans 指的是 API 集合,比如 Enterprise JavaBeans。JavaBean 指的是 POJO(plain ordinary Java object)简单的 Java 对象的类。

模型—视图—控制器(MVC)是一种软件设计模式。MVC 模式中,M 是指业务模型,V 是指用户界面,C 则是控制器,使用 MVC 的目的是将 M 和 V 的实现代码分离,从而使同一个程序可以使用不同的表现形式,目的是强制性地使程序的输入、处理和输出分开。JSP+ Servlet+JavaBean 的模式就是典型的 MVC 模式,如图 7-1 所示。

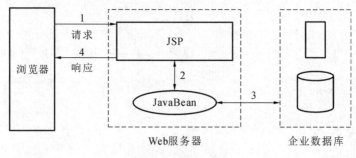

图 7-1 MVC 模式

JSP 侧重于生成动态网页,事务处理则由 JavaBean 来完成。而项目 9 要学习的 Servlet 则起到控制器的作用。

JavaBean 即 Java 类,可以通过 JavaBean 封装业务逻辑进行数据库操作等,以实现业务逻辑代码和显示代码的分离。

一个标准的 JavaBean 应该具有如下特点:

① JavaBean 访问权限必须是 public。

② JavaBean 必须具有无参数的构造方法。

③ JavaBean 一般将属性设置成私有的,通过使用 getXxx 方法和 setXxx 方法来进行属

性的取得和设置。

```
//一个简单的 JavaBean 示例
public class UserBean
{
  //用户名属性
  private String username;
  //用户密码属性
  private String password;
  //获得用户名
  public String getUsername()
  {
    return username;
  }
  //设置用户名
  public void setUsername(String username)
  {
    this.username= username;
  }
  //获得用户密码
  public String getPassword()
  {
    return password;
  }
  //设置用户密码
  public void setPassword(String password)
  {
    this.password= password;
  }
}
```

1. 在 JSP 中调用 JavaBean

需要使用<jsp：useBean>行为在 JSP 中创建对象,相当于 new 语句。其语法格式如下：

```
< jsp:useBean id= "对象名称" scope= "储存范围" class= "类名">
< /jsp:useBean>
```

> 说明：
> ● id 属性：表示该 JavaBean 实例化后的对象名称。
> ● scope 属性：JavaBean 实例化后的对象储存范围。范围的取值有四种,分别是 page、request、session和 application,默认属性的默认值为 page。
> ● class 属性：指定 JavaBean 的类名,必须是全限定名。

范例：UseBeanDemo.jsp

```
<%--通过 useBean 动作指令调用 JavaBean 相当于 UserBean user=new UserBean();--%>
<jsp:useBean id="user" scope="page"
class="com.JavaWebDemo.JavaBean.UserBean">
</jsp:useBean>
<%
//设置 user 的 username 属性
user.setUsername("James");
//设置 user 的 password 属性
user.setPassword("1234");
//打印输出 user 的 username 属性
out.print("用户名:"+user.getUsername()+"<br/>");
//打印输出 user 的 password 属性
out.print("用户密码:"+user.getPassword()+"<br/>");
%>
```

以上示范代码中的<jsp:useBean>标签的处理流程如下：

（1）定义一个名为 user 的局部变量。

（2）尝试从 scope 指定的会话范围内读取名为"user"的属性，并使 user 局部变量获得其引用，即 UserBean 对象。

（3）如果在 scope 指定的会话范围内，名为"user"的属性不存在，那么就通过 UserBean 类的默认构造方法创建一个 UserBean 对象，并把它存放在会话范围内，令其属性名为"user"。此外，user 局部变量也引用这个 UserBean 对象。

2. 设置 JavaBean 属性

JSP 中提供了<jsp:setProperty>行为来设置 JavaBean 属性，相当于类中的 setXxx 方法。有如下四种语法格式：

```
<jsp:setProperty name="实例化对象名" property="*"/>
<jsp:setProperty name="实例化对象名" property="属性名称"/>
<jsp:setProperty name="实例化对象名" property="属性名称" param="参数名称"/>
<jsp:setProperty name="实例化对象名" property="属性名称" value="属性值"/>
```

> **说明：**
> ● name 属性：指定实例化对象名，和<jsp:useBean>中的 id 属性保持一致。
> ● property 属性：指定 JavaBean 属性名称。

1）根据参数设置 JavaBean 属性

语法格式：

```
< jsp:setProperty name= "实例化对象名" property= "* "/>
```

> **说明：**
> "＊"表示根据表单传递的所有参数来设置 JavaBean 属性。比如通过表单传递了两个参数，如 username 和 password，这时就可以自动地对 JavaBean 中的 username 属性以及 password 属性进行赋值。

注意：

表单的参数必须和 JavaBean 中的属性名称保持大小写一致,否则无法进行赋值操作。

范例：UserForm.jsp

```
<form action="SetPropertyDemo.jsp" method="post">
用户名:<input type="text" name="username">
密   码:<input type="password" name="password">
<input type="submit" value="提交">
<input type="reset" value="重置">
</form>
SetPropertyDemo.jsp
<%
request.setCharacterEncoding("UTF-8");
%>
<%--通过 useBean 动作指定调用 JavaBean --%>
<jsp:useBean id="user" scope="page"
class="com.JavaWebDemo.JavaBean.UserBean">
</jsp:useBean>
<%--根据所有的参数设置 JavaBean 中属性--%>
<jsp:setProperty property="*" name="user"/>
<%
//打印输出 user 的 username 属性
out.print("用户名:"+user.getUsername()+"<br/>");
//打印输出 user 的 password 属性
out.print("用户密码:"+user.getPassword()+"<br/>");
%>
```

2）根据指定参数设置 JavaBean 属性

语法格式：

```
<jsp:setProperty name="实例化对象名" property="属性名称"/>
```

 说明：

第一种<jsp:setProperty>动作指令要求设置所有的参数,而第二种<jsp:setProperty>动作指令可以用来设置指定的参数。

比如通过表单传递了两个参数 username 和 password,可以指定只为 JavaBean 的 username 属性赋值,也可以指定只为 JavaBean 的 password 属性赋值。

范例：SetPropertyDemo2.jsp

```
<%
request.setCharacterEncoding("UTF-8");
%>
<%--通过 useBean 动作指定调用 JavaBean --%>
```

```
<jsp:useBean id="user" scope="page"

class="com.JavaWebDemo.JavaBean.UserBean">

</jsp:useBean>

<%--设置 username 中属性--%>

<jsp:setProperty property="username" name="user" />

<%

    //打印输出 user 的 username 属性

    out.print("用户名:"+user.getUsername()+"<br/>");

    //打印输出 user 的 password 属性

    out.print("用户密码:"+user.getPassword()+"<br/>");

%>
```

3）根据指定参数设置指定 JavaBean 属性

语法格式：

```
<jsp:setProperty name="实例化对象名" property="属性名称" param="参数名称"/>
```

>> 说明：

第三种<jsp:setProperty>动作指令相比前两种<jsp:setProperty>动作指令更加具有弹性。前面两种<jsp:setProperty>动作指令都需要设置与 JavaBean 属性相同的参数，而且必须保证大小写一致。而第三种<jsp:setProperty>动作指令没有此限制。

范例：UserForm.jsp

```
<form action="SetPropertyDemo3.jsp" method="post">

    用户名:<input type="text" name="username">

    密   码:<input type="password" name="userpassword">

    <input type="submit" value="提交">

    <input type="reset" value="重置">

</form>
```

范例：SetProperty Demo 3.jsp

```
SetPropertyDemo3.jsp

<%

    request.setCharacterEncoding("UTF-8");

%>

<%--通过 useBean 动作指定调用 JavaBean --%>

<jsp:useBean id="user" scope="page"

    class="com.JavaWebDemo.JavaBean.UserBean">

</jsp:useBean>

<%--设置 username 属性,其值为 username 参数值--%>

<jsp:setProperty property="username" param="username" name="user" />

<%--设置 password 属性,其值为 userpassword 参数值--%>

<jsp:setProperty property="password" param="userpassword"name="user" />

<%

    //打印输出 user 的 username 属性
```

```
        out.print("用户名:"+user.getUsername()+"<br/> ");
        //打印输出 user 的 password 属性
        out.print("用户密码:"+user.getPassword()+"<br/> ");
%>
```

4) 设置指定 JavaBean 属性为指定值

语法格式:

```
<jsp:setProperty name="实例化对象名" property="属性名称" value="属性值" />
```

 说明:

第四种<jsp:setProperty>动作指令相比前三种<jsp:setProperty>动作指令更加具有弹性。前面三种<jsp:setProperty>动作指令都需要接受表单参数,而第四种可以根据需要动态地设置 JavaBean 属性值。

范例: SetPropertyDemo4.jsp

```
<%
request.setCharacterEncoding("UTF-8");
%>
<%--通过 useBean 动作指定调用 JavaBean --%>
<jsp:useBean id="user" scope="page"
class="com.JavaWebDemo.JavaBean.UserBean">
</jsp:useBean>
<%--设置 username 属性,其值为 admin 相当于 user.setUsername("admin")--%>
<jsp:setProperty property="username" value="admin" name="user"/>
<%--设置 password 属性,其值为 123 相当于 user.setPassword("123")--%>
<jsp:setProperty property="password" value="123" name="user"/>
<%
        //打印输出 user 的 username 属性
out.print("用户名:"+user.getUsername()+"<br/>");
        //打印输出 user 的 password 属性
out.print("用户密码:"+user.getPassword()+"<br/>");
%>
```

3. 获得 JavaBean 属性

前面获得 JavaBean 属性都是通过调用实例化对象的 getXxx 方法获得的。

JSP 提供了<jsp:getProperty>动作指令,可以很方便地获得 JavaBean 属性,相当于类中的 getXxx 方法,其语法格式如下:

```
< jsp:getProperty name= "实例化对象名" property= "属性名称"/>
```

name 属性:指定实例化对象名,必须和<jsp:useBean>中的 id 属性保持一致。

property 属性:指定需要获得的 JavaBean 属性名称。

范例: GetPropertyDemo.jsp

```
<%--通过 userBean 动作指定使用 userBean --%>
<jsp:useBean id="user" scope="page"
class="com.JavaWebDemo.JavaBean.UserBean">
```

```
</jsp:useBean>
<%--设置 username 属性,其值为 admin --%>
<jsp:setProperty property= "username" value= "admin" name= "user" />
<%--设置 password 属性,其值为 admin --%>
<jsp:setProperty property="password" value="123" name="user" />
<%--获得 username 属性相当于< % = user.getUsername()%>--%>
<jsp:getProperty property="username" name="user" />
<%--获得 password 属性相当于< % = user.getPassword()%>--%>
<jsp:getProperty property="password" name="user" />
```

 说明:

Servlet 容器在运行<jsp:getProperty>标签时,会根据 property 属性指定的属性名,自动调用 JavaBean 的相应的 get 方法。属性名和 get 方法名之间存在固定的对应关系:如果属性名为"xyz",那么 get 方法名为"getXyz"。

4. 设置 JavaBean 的范围属性

前面介绍过 JSP 属性有四种存储范围,分别为 page、request、session 以及 application。同样也可以设置 JavaBean 的存储范围,其取值和意义同属性保存范围完全相同。

1) 设置 page 范围的 JavaBean

page 范围的 JavaBean,只在当前页有效。页面范围对应的时间段为:从客户请求访问一个 JSP 文件开始,到这个 JSP 文件执行结束。

```
<%--通过 useBean 动作指定调用 JavaBean--%>
<jsp:useBean id="user" scope="page"
class="com.JavaWebDemo.JavaBean.UserBean">
</jsp:useBean>
```

2) 设置 request 范围的 JavaBean

request 范围的 JavaBean 在一次请求范围内有效。

request 范围的 JavaBean 和当前 JSP 文件共享同一个客户请求的 Web 组件,包括当前 JSP 文件通过<%@ include>指令或<jsp:include>标记包含的其他 Web 组件,以及通过<jsp:forward>标记转发的其他目标 Web 组件。

```
<%--通过 useBean 动作指定调用 JavaBean --%>
<jsp:useBean id="user" scope="request"
class="com.JavaWebDemo.JavaBean.UserBean">
    </jsp:useBean>
```

3) 设置 session 范围的 JavaBean

session 范围的 JavaBean 在客户浏览器与服务器一次会话范围内有效。

```
<%--通过 useBean 动作指定调用 JavaBean --%>
<jsp:useBean id="user" scope="session"
class="com.JavaWebDemo.JavaBean.UserBean">
</jsp:useBean>
```

4）设置 application 范围的 JavaBean

application 范围在整个服务器范围有效。

```
<%--通过 useBean 动作指定调用 JavaBean--%>
<jsp:useBean id="user" scope="application"
class="com.JavaWebDemo.JavaBean.UserBean">
    </jsp:useBean>
```

5）移除 JavaBean

JavaBean 会根据其设置的范围来决定其生命周期，当生命周期结束，JavaBean 将自动移除。设计者也可以手动地移除该 JavaBean。

JavaBean 的移除因不同范围的 JavaBean 而不同，分别通过调用 pageContext、request、session、application 的 removeAttribute(String name)方法来移除相应范围的 JavaBean。其中 name 属性设置为实例化对象名，必须和<jsp：useBean>中的 id 属性保持一致。

范例：removedemo. jsp

```
<%--通过 userBean 动作指令调用 JavaBean --%>
<jsp:useBean id="user" scope="page"
class="com.JavaWebDemo.JavaBean.UserBean">
</jsp:useBean>
<%--设置 username 属性,其值为 admin --%>
<jsp:setProperty property="username" value="admin" name="user" />
<%--设置 password 属性,其值为 root --%>
<jsp:setProperty property="password" value="root" name="user" />
<%
//移除 page 范围 JavaBean
pageContext.removeAttribute("user");
%>
<%--获得 username 属性--%>
<jsp:getProperty property= "username" name= "user" /><br/>
<%--获得 password 属性--%>
    <jsp:getProperty property= "password" name= "user" /><br/>
```

思考练习

简述 JavaBean 的生命周期。

拓展任务

利用 JavaBean 技术，完成数据查询后的分页显示。

任务评价卡

任务编号	07-01		任务名称	编写 JavaBean		
任务完成方式	☐小组协作　☐个人独立完成					
项目	等级指标			自评	互评	师评
资料 搜集	A. 能通过多种渠道搜集资料,掌握技术应用、特性。 B. 能搜集部分资料,了解技术应用、特性。 C. 搜集渠道单一,资料较少,对技术应用、特性不熟悉					
操作 实践	A. 有很强的动手操作能力,实践方法取得显著成效。 B. 有较强的动手操作能力,实践方法取得较好成效。 C. 掌握基本动手操作能力,实践方法有一定成效					
成果 展示	A. 成果内容丰富,形式多样,且很有条理,能很好地解决问题。 B. 成果内容较多,形式较简单,比较有条理,能解决问题。 C. 成果内容较少,形式单一,条理性不强,能基本解决问题					
过程 体验	A. 熟练完成任务,理解并掌握本任务相关知识技能。 B. 能完成任务,掌握本任务相关知识技能。 C. 完成部分任务,了解本任务相关知识技能					
合计	其中 A 为 86～100 分,B 为 71～85 分,C 为 0～70 分。A 为优秀, B 为良好,C 为尚需加强操作练习					
任务 完成 情况	JavaBean 编写(优秀、良好、合格)					
存在的主要问题:						

任务 2　调用 JavaBean

　　学习 JSP,不可避免地需要接触到 JavaBeans,对于一个没有太多 Java 基础的学习者来说,要正确理解 JavaBeans 实在不是一件太容易的事。本任务将对 JavaBeans 的使用做一个整体的介绍,更多技术上的细节暂未涉及。希望,无论是对 JavaBeans 有一定了解的人,还是刚接触 JavaBeans 的人,都能够在 JSP 中学会使用 JavaBeans 并对 JavaBeans 有一个整体的把握。

◆　**任务导入**

　　JSP 网页吸引人的地方之一就是能结合 JavaBean 技术来扩充网页的程序功能。JavaBean 提供已知的功能,并且是为了可随时重复使用的目的而设计的。本节的任务是完成已有 JavaBean 的部署与使用。

◆ 任务实施

1. 部署 JavaBean

部署 JavaBean 有两种方法,一种对 Web 服务器中的所有 JSP 页面都有效;另一种仅对当前应用有效。

如果要让 Web 服务器中所有的 JSP 页面都可以使用要部署的 JavaBean,则可以把编译后得到的 class 文件 jar 包拷贝至 $ TOMCAT_HOME\common\classes 目录下。

如果要部署 jar 包,就把打包后的 jar 文件拷贝到 $ TOMCAT_HOME\common\lib 子目录下。部署完成后要重启 tomcat 服务器才能生效。

当只要求对当前的应用有效,如果部署 class 类文件,则需要在当前应用下建立 WEB-INF 子目录,在这个子目录下创建 classes 子目录,然后把类文件拷贝到当前目录;

如果部署的是 jar 包,则须在当前应用的 WEB-INF 子目录中建立一个新的子目录 lib,并把 jar 文件拷贝到当前目录。

2. 在 JSP 中应用 JavaBean

在 JSP 页面中要能使用 JavaBean,应事先在文件头部导入 JavaBean 对应的类,然后使用 JSP 指令标签对 JavaBean 进行调用:

```
< jsp: usebean id= "给 JavaBean 实例取的名称" class= "Javabean 类名"scope= "JavaBean 实例的有效范围"> < /jsp: usebean>
```

id 属性的设置可由用户任意给定;class 为 JavaBean 类名,如果类之上还有包,则此参数用形如"包名. 类名"的形式。

3. scope 有四种不同的取值范围

scope 设为 page,表示分配给每个客户的 JavaBean 不同,有效范围仅为当前的 JSP 页面,如果关闭此 JSP 页面,则分配给此客户的 JavaBean 被取消。

scope 设为 request,表示分配给每个客户的 JavaBean 不同,且有效范围在 request 期间,即在请求与被请求页面之间共享 JavaBean。当对请求作出响应后,JavaBean 就会被取消。

scope 设为 session,表示分配给每个客户的 JavaBean 不同,但在同一客户打开的多个 JSP 页面,即一次会话期间,是同一个 JavaBean。如果在同一客户的不同 JSP 页面中声明了相同 ID 的 JavaBean,且范围仍为 scope 更改此 JavaBean 的成员变量值,则其他页面中此 ID 的 JaveBean 的成员变量值也会被改变。当服务器上的所有网页都被关闭时,客户本次会话中的 JavaBean 被取消。

scope 设为 application,表示在服务器的所有客户之间共享 JavaBean。一个客户改变了成员变量的值,另一个客户的 JavaBean 的同一个成员变量值也会被改变。当服务器关闭时,JavaBean 才会被取消。

◆ 知识链接

1. JavaBean 的特点

20 世纪 90 年代末期,基于组件的软件开发思想开始得到普遍的重视和应用。软件组件是指可以进行独立分离、易于重复使用的软件部分。JavaBean 就是一种基于 Java 平台的软件组件思想。JavaBean 也是一种独立于平台和结构的应用程序编程接口(API)。JavaBean 保留了其他软件组件的技术精华,并增加了被其他软件组件技术忽略的技术特性,使得它成为完整的软件组件解决方案的基础,并在可移植的 Java 平台上方便地用于网络中。

其实你可以把组件理解成积木,而把用组件搭起来的软件理解成用积木搭成的作品。这种比喻也许可以让你理解为什么用组件搭建应用程序会比其他方法制作应用程序更加稳定和快速。因为软件的组件是可重用的,它肯定是经过了很多应用程序的测试,所以直接应用组件的出错概率肯定比你自己重新写一个模块的出错概率小。用组件搭建应用程序也会更快速,这很容易理解,就像用积木搭一座桥比用木头做一座桥要快一样。

JavaBean 也是一个很成功的组件模型,JBuilder 提供许多方便的控件,而这些控件几乎都是 JavaBean。

虽然 JavaBean 和 Java 之间已经有了明确的界限,但是在某些方面 JavaBean 和 Java 之间仍然存在容易混淆的地方。比如说重用,Java 语言也可以为用户创建可重用的对象,但它没有管理这些对象相互作用的规则或标准,用户可以使用在 Java 中预先建立好的对象,但这必须具有对象在代码层次上的接口的丰富知识。而对于 JavaBean,用户可以在应用程序构造器工具中使用各种 JavaBean 组件,而不需要编写任何代码。这种同时使用多个组件而不考虑其初始化情况的功能是对当前 Java 模型的重要扩展,也可以说 JavaBean 是在组件技术上对 Java 语言的扩展。

如果真的要明确的定义,那么 JavaBean 的定义是:JavaBean 是可复用的平台独立的软件组件,开发者可以在软件构造器工具中对其进行可视化操作。在上面的定义中,软件构造器可以是 Web 页面构造器、可视化应用程序构造器、GUI 设计构造器,也可以是服务器应用程序构造器。而 JavaBean 可以是简单的 GUI 要素,如按钮和滚动条;也可以是复杂的可视化软件组件,如数据库视图。有些 JavaBean 是没有 GUI 表现形式的,但这些 JavaBean 仍然可以使用应用程序构造器可视化地进行组合,比如 JBuilder 上的很多控件其实没有 GUI 形式,但是用户仍然可以拖放它们以在应用程序里生成相应的代码。一个 JavaBean 和一个 Java Applet 很相似,是一个非常简单的遵循某种严格协议的 Java 类。

JavaBean 具有 Java 语言的所有优点,比如跨平台等,但它又是 Java 在组件技术方面的扩展,所以说很多方面它和 Applet 很像,Applet 也具有 Java 语言的所有优点,同时也是 Java 在浏览器端程序方面的扩展。其实它们都是严格遵循某种协议的 Java 类,它们的存在都离不开 Java 语言的强大支持。

从根本上来说,JavaBean 可以看成是一个黑盒子,即只需要知道其功能而不必在乎其内部结构的软件设备。黑盒子只介绍和定义其外部特征和与其他部分的接口,如按钮、窗口、颜色、形状等。作为一个黑盒子的模型,JavaBean 可以看成是用于接受事件和处理事件以便进行某个操作的组件块。

2. JavaBean 的属性

JavaBean 提供了高层次的属性概念,属性在 JavaBean 中不只是传统的面向对象的概念里的属性,它同时还得到了属性读取和属性写入的 API 的支持。属性值可以通过调用适当的 Bean 方法进行。假如 Bean 有一个名字属性,这个属性的值可能需要调用 String getName()方法读取,而写入属性值可能需要调用 void setName(String str)的方法。

每个 JavaBean 属性通常都应该遵循简单的命名规则,这样应用程序构造器工具和最终用户才能找到 JavaBean 提供的属性,然后查询或修改属性值,对 Bean 进行操作。JavaBean 还可以对属性值的改变做出及时的反应。比如一个显示当前时间的 JavaBean,如果改变时钟的时区属性,则时钟会立即重画,显示当前指定时区的时间。

Bean 的属性描述是指其外观或者行为特征,如颜色、大小等。属性可以在运行时通过 get/set 方法取得和设置。最终用户可以通过特定属性的 get/set 方法对其进行改变。例如,对于 Bean 的颜色属性,最终用户可以通过 Bean 提供的属性对话框改变这个颜色属性。

属性可以分为 Simple(简单的)、Index(索引的)、Bound(绑定的)、Constrained(约束的)四类。

简单属性依赖于标准命名约定来定义 getXxx 方法和 setXxx 方法。索引属性则允许读取和设置整个数组,也允许使用数组索引单独地读取和设置数组元素。绑定属性则是其值发生变化时要广播给属性变化监听器的属性。约束属性则是那些值发生改变及起作用之前,必须由约束属性变化监听器生效的属性。

1) 简单属性

简单类型属性的设计模板有以下四种。

(1) 布尔型:

设置器:public void set<属性名> (boolean bl){}。

获取器:public boolean is<属性名>(){}。

(2) 其他类型的属性的设计模板:

设置器:public void set<属性名>(<属性类型>x){}。

获取器:public <属性类型> get<属性名>(){}。

(3) 单个元素的设计模板:

设置器:public void set<属性名>(int i ,<属性元素类型>x){}。

获取器:public <属性元素类型> get<属性名>(int i){}。

(4) 整个数组的设计模板:

设置器:public void set<属性名>(<属性元素类型>[]x){}。

获取器:public <属性元素类型>[] get<属性名>(){}。

对于简单属性,不需要另外的附加类或接口。比如颜色的改变可以通过下面方法实现:

```
public Color getFillColor();
public void SetFillColor(Color c);
```

这种基本的 get/set 方法命名规则定义的属性叫作简单属性。简单属性中有一类用 boolean 值表示的属性叫作布尔属性。

2) 索引属性

JavaBean API 还支持索引属性,这种属性与传统 Java 编程中的数组非常类似。索引属性包括几个数据类型相同的元素,这些元素可以通过一个整数索引值来访问,因此称为索引属性。属性可以索引成支持一定范围的值,这种属性属于简单属性。索引用 int 指定。索引属性有 4 种访问方式,其数值数组可以访问一个元素,也可以访问整个数组。

```
public void setLabel(int index,String label);
public String getLabel(int index);
```

```
public void setLabel(String []labels);
public String []getLabels();
```

与标准的 Java 数组类似,索引值可能在索引属性数组的范围之外。这时,用于操作索引属性的访问者方法一般是抛出一个 ArrayIndexOutOfBoundsException 运行环境异常,这个异常与标准 Java 数组索引超出范围时执行的行为相同。

3) 绑定属性

绑定属性是将其改变以事件的形式通知给对它感兴趣的部分的属性,即将改变通知给事件收听者或目标。很明显,这种属性的作用在于它能使听者接到其改变事件,以便收听者根据其中的信息产生一些行为,从而达到两者之间的默契。绑定属性的访问方法遵循与简单属性相同的形式,就是说单从访问方法是看不出其与简单属性的区别,但它需要另外的附加类或接口以及事件的传播机制的支持(这同样适用于约束属性)。

绑定属性提供一种机制,即通知监听器一个 JavaBeans 组件的属性发生了改变。监听器实现了 propertyChangeListener 接口并接收由 JavaBean 组件产生的 propertyChangeEvent 对象,propertyChangeEvent 对象包括一个属性名字,旧的属性值以及每一个监听器可能要访问的新属性值。

JavaBean 组件可以使用 PropertyChangeSupport 对象辅助程序类激活监听器要接收的事件。PropertyChangeSupport 对象使用一个指向 JavaBean 组件实例的引用进行构造,并基于以下事实:

JavaBean 实现了 addPropertyChangeListener()和 removePropertyChangeListener()方法以便加入和删除属性变化监听器。propertyChangeSupport,firePropertyChange 方法可以被使用,并传递属性名、旧属性值以及新属性值等信息。

实现一个关联属性涉及三方面:源 Bean、目标 Bean 和协调代码。

(1) 源 Bean。源 Bean 必须提供属性变化事件监听器的注册和移除入口:

```
public void addPropertyChangeListener (propertyChangeListener pcListener){}
public void removePropertyChangeListener (propertyChangeListener pcListener){}
```

如只想通知目标 Bean 某个特定属性的变化,可用下面特定属性的注册和移除方法:

```
public void add<属性名>Listener (propertyChangeListener pcListener){}
public void remove<属性名>Listener (propertyChangeListener pcListener){}
```

这样,目标 Bean 只会接到源 Bean 此属性发生变化的事件通知,减少了不必要的信息通信。另外,为了方便实现关联属性,系统提供了一个帮助者类 propertyChangeSupport,源 Bean 可实例化这个帮助者类,让它来完成管理和维护收听者列表以及触发属性变化事件的通知等工作。

(2) 目标 Bean。目标 Bean 除了要实现 propertyChangeListener 接口外,还要用源 Bean 提供的注册方法注册自己。这样,目标 Bean 的实现大体框架如下:

```
public class targetBean implements propertyChangeListener
{
  protected SourceBean source;
  ……
  source=new SourceBean();
  source.addPropertyChangeListener(this);
```

```
public void propertyChange(propertyChangeEvent e)
{
    ……
}
}
```

（3）协调代码。协调代码的工作职责分为以下几步：

负责创建源 Bean 和目标 Bean；

利用源 Bean 的属性变化事件监听器的注册入口注册目标 Bean；

改变源 Bean 的属性；

利用源 Bean 的属性变化事件监听器的移除入口移除目标 Bean；

4）约束属性

约束属性也是一种关联属性，同时还加上了附加条件。对于约束属性来说，一个外部对象，无论是监听 Bean 还是源 Bean，都可以否决属性的变化。JavaBeans API 提供了一个处理约束属性的事件机制，它类似于关联属性的事件机制。

约束属性是 Beans 所支持的最复杂最高级的属性，它允许收听者对属性的改变提出否定意见。

与绑定属性类似，其设计与实现也涉及源 Bean、目标 Bean 和协调代码。只要把绑定属性设计中的 property 改成 Vetoable（除了 propertyChangeEvent 外）即可。不同的是为了能使目标 Bean"反对"源 Bean 属性的变化，Beans 提供了一种异常 propertyVetoException，当目标 Bean 收到属性改变的事件通知，目标 Bean 查看属性的新值，如果不满足条件，目标 Bean 就抛出异常，让源 Bean 改变属性到这个新值无法生效，这就是约束属性中给目标 Bean 增加的"反对"权利。下面的简单源 Bean 和目标 Bean 的伪代码表述了约束属性的实现。

（1）源 Bean。

```
public class SourceBean
{
    public void addVetoChangeListener (VetoChangeListener vpListener){}
    public void removeVetoChangeListener (VetoChangeListener vpListener){}
    /*由于不想让属性设置器处理异常，所以我们抛出异常，当然你也可以让属性设置器处理异常，属
性变化监听者对属性的变化做出同意还是反对就是通过抛出异常来实现的。*/
    public void setName(String n) throws propertyVetoException
    {
        /*从下面目标的代码可能抛出一个异常从而终止代码的执行*/
        实例化一个 propertyChangeEvent 对象
        执行属性变化监听者的 vetoChange 方法
        /*如果上面的代码抛出异常，下面这行代码不会被执行，也就是说监听者阻止了属性的变化*/
        name= n //修改属性的值
    }
}
```

（2）目标 Bean。

```
public class TargetBean implements VetoChangeListener
{
```

```
public void vetoChange(propertyChangeEvent e) throws propertyVetoException
{
    if e 中的新值不满意    then
    {生成并抛出一个 propertyVetoException 实例}
    else
    ……
    endif
}
}
```

（3）协调代码。协调代码的工作职责分为以下几步：

负责创建源 Bean 和目标 Bean；

利用源 Bean 的属性变化事件监听器的注册入口注册目标 Bean；

改变源 Bean 的属性的属性，并捕获异常；

利用源 Bean 的属性变化事件监听器的移除入口移除目标 Bean。

JavaBean 原理如图 7-2 所示。

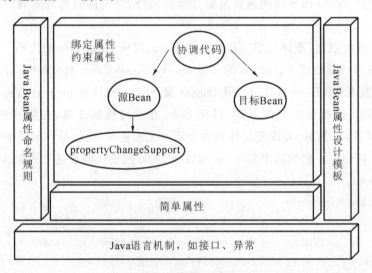

图 7-2   JavaBean 原理

如图 7-2 所示，Java 语言为 JavaBean 组件的属性机制提供了良好的基础，这些语言元素包括 Java 的面向对象技术、接口技术和异常技术等。JavaBean 属性命名规则和 JavaBean 属性设计模板是 JavaBean 组件的属性机制的规范。遵行这些规范，JavaBean 组件的属性可以分为三种：最基本的为简单属性，这种属性只涉及属性所在的 JavaBean 组件本身；绑定属性涉及源 Bean、目标 Bean 和协调代码，源 Bean 为属性的拥有者，目标 Bean 为属性变化事件的监听者，协调代码负责组织双方，另外源 Bean 还可能实例化一个 propertyChangeSupport 对象来管理所有目标 Bean，propertyChangeSupport 对象的工作主要是保存所有目标 Bean 实例，并激发这些目标 Bean 的事件变化监听方法；约束属性在原理上和绑定属性一样，只是增加了目标 Bean 对源 Bean 属性变化的"反对"权利。

JavaBean 组件技术是建立在 Java 基础上的组件技术，它继承了 Java 的所有特点（如跨平台和面向对象），又引进了其他组件技术的思想，这两个方面恰好是其能成为后起之秀的主要原因。它所能支持的属性如相关属性和约束属性是其他组件技术所不能及的。

思考练习

1. 简述 JavaBean 的方法。
2. 简述 JavaBean 的事件。

拓展任务

部署连接数据库的 JavaBean。

任务评价卡

任务编号	07-02		任务名称	使用 JavaBean		
任务完成方式	□小组协作　□个人独立完成					
项目	等级指标			自评	互评	师评
资料搜集	A. 能通过多种渠道搜集资料,掌握技术应用、特性。 B. 能搜集部分资料,了解技术应用、特性。 C. 搜集渠道单一,资料较少,对技术应用、特性不熟悉					
操作实践	A. 有很强的动手操作能力,实践方法取得显著成效。 B. 有较强的动手操作能力,实践方法取得较好成效。 C. 掌握基本动手操作能力,实践方法有一定成效					
成果展示	A. 成果内容丰富,形式多样,且很有条理,能很好地解决问题。 B. 成果内容较多,形式较简单,比较有条理,能解决问题。 C. 成果内容较少,形式单一,条理性不强,能基本解决问题					
过程体验	A. 熟练完成任务,理解并掌握本任务相关知识技能。 B. 能完成任务,掌握本节任务相关知识技能。 C. 完成部分任务,了解本任务相关知识技能					
合计	其中 A 为 86～100 分,B 为 71～85 分,C 为 0～70 分。A 为优秀, B 为良好,C 为尚需加强操作练习					
任务完成情况	1. 部署 JavaBean(优秀、良好、合格)。 2. 页面中使用 JavaBean(优秀、良好、合格)					
存在的主要问题:						

　　使用 JSP 可以完成动态 Web 页面的开发，但是阅读开发出来的代码可以发现，一个页面上会存在大量的 Java 代码，要想让开发出来的页面更简洁，则需要学习本模块的内容。

项目 **8** 操作文件

在进行 Web 项目开发时,很多时候都离不开与用户的文件交流。有时服务器需要将用户提交的信息保存到文件,或根据用户的要求将服务器上的文件显示到用户端,也可能把一个软件上传到下载网站中,或上传照片和资料等。

任务 1 文件目录操作

使用计算机时经常会利用资源管理器对文件目录进行管理,通过指定的路径进行文件目录的打开、创建、删除、显示属性等操作。

◆ 任务导入

有时服务器需要将客户提交的信息保存到文件或根据客户的要求将服务器上的文件内容显示到客户端。JSP 通过 Java 的输入/输出流来实现文件的读写等操作。

◆ 任务实施

1. 创建目录

File 对象调用方法:public boolean mkdir()创建一个目录,如果创建成功则返回 true,否则返回 false(如果该目录已经存在将返回 false)。

我们在 root 下创建一个名字是 Students 的目录。

```
Example8_1.jsp:
<%@page contentType="text/html;charset= GB2312" %>
<%@page import="java.io.*"%>
<html>
<body><Font Size=2>
  <%File dir=new
  File("D:/Tomcat/jakarta-tomcat-4.0/webapps/root","Students");  %>
  <P>在 root 下创建一个新的目录:Student,<BR>成功创建了吗?
    <%=dir.mkdir()%>
  <P>Student 是目录吗?
    <%=dir.isDirectory()%>
</Font>
</body>
</html>
```

2. 列出目录中的文件

如果 File 对象是一个目录,那么该对象可以调用下述方法列出该目录下的文件和子目录:

public String[] list():用字符串形式返回目录下的全部文件。

public File [] listFiles():用 File 对象形式返回目录下的全部文件。

在下面的例子中,输出了 root 下的全部文件中的 5 个和全部子目录。

```
Example8_2.jsp:
<%@page contentType="text/html;charset=GB2312"%>
<%@page import="java.io.*"%>
<html>
<body><Font Size=2>
<%File dir=new
   File("D:/Tomcat/jakarta-tomcat-4.0/webapps/root");
     File file[]=dir.listFiles();
%>
<P>列出 root 下的 5 个长度大于 1000 KB 的文件和全部目录:
    <BR>目录有:
        <%for(int i=0;i<file.length;i++)
          {
             if(file[i].isDirectory())
               out.print("<BR>"+file[i].toString());
          }
        %>
<P>5 个长度大于 1000 KB 的文件名:
    <%for(int i=0,number=0;(i<file.length)&&(number<=5);i++)
      {
        if(file[i].length()>=1000)
       {
          out.print("<BR>"+file[i].toString());
          number++;
       }
      }
    %>
</Font>
</body>
</html>
```

3. 列出指定类型的文件

我们有时需要列出目录下指定类型的文件,比如扩展名为 .jsp、.txt 等的文件。可以使用 File 类的下述两个方法,列出指定类型的文件。

public String[] list(FilenameFilter obj):用字符串形式返回目录下指定类型的所有

文件。

public File [] listFiles(FilenameFilter obj)：用 File 对象返回目录下指定类型所有文件。FilenameFilter 是一个接口，该接口有一个方法：

```
public boolean accept(File dir,String name);
```

若向 list 方法传递一个实现该接口的对象，当 list 方法在列出文件时，该文件将调用 accept 方法检查该文件是否符合 accept 方法指定的目录和文件名要求。

在下面的例子中，列出 root 目录下的部分 JSP 文件名。

```
Example8_3.jsp:
<%@page contentType="text/html;charset=GB2312"%>
<%@page import="java.io.*"%>
<%!class FileJSP implements FilenameFilter
        { String str=null;
            FileJSP(String s)
            {str="."+s;
            }
        public boolean accept(File dir,String name)
            { return name.endsWith(str);
            }
        }
%>
<P>下面列出了服务器上的一些.jsp文件
<%File dir=new File("D:/Tomcat/Jakarta-tomcat-4.0/webapps/root");
    FileJSP  file_jsp=new FileJSP("jsp");
    String file_name[]=dir.list(file_jsp);
    for(int i=0;i<5;i++)
        {out.print("<BR>"+file_name[i]);
        }
%>
```

4. 删除文件和目录

File 对象调用方法 public boolean delete()可以删除当前对象代表的文件或目录，如果 File 对象表示的是一个目录，则该目录必须是一个空目录，删除成功返回 true。

下面的例子删除 root 目录下的 A. java 文件和 Students 目录。

```
Example8_4.jsp:
<%@page contentType="text/html;charset=GB2312"%>
<%@page import ="java.io.*"%>
<html>
<body>
  <%File f=new File("D:/Tomcat/Jakarta-tomcat-4.0/webapps/root/","A.java");
    File dir=new
    File("D:/Tomcat/Jakarta-tomcat-4.0/webapps/root","Students");
```

```
        boolean b1=f.delete();
        boolean b2=dir.delete();
    %>
<P>文件 A.java 成功删除了吗？
    <%=b1%>
<P>目录 Students 成功删除了吗？
    <%=b2%>


</body>
</html>
```

◆ **知识链接**

File 类的对象主要用来获取文件本身的一些信息,例如文件所在的目录、文件的长度、文件读写权限等,不涉及对文件的读写操作。

1. 创建 File 对象

创建一个 File 对象的方法有 3 个:

File(String filename);

File(String directoryPath,String filename);

File(File f, String filename);

其中,filename 是文件名字,directoryPath 是文件的路径,f 是指定成一个目录的文件。

使用 File(String filename)创建文件时,该文件被认为是与当前应用程序在同一目录中,由于 JSP 引擎是在 bin 下启动执行的,所以该文件被认为在 D:\Tomcat\Jakarta-tomcat-4.0\bin\目录中。

2. 获取文件的属性

使用 File 类获取文件本身信息的常用方法如下:

(1) public String getName():获取文件的名字。

(2) public boolean canRead():判断文件是否可读。

(3) public boolean canWrite():判断文件是否可被写入。

(4) public boolean exits():判断文件是否存在。

(5) public long length():获取文件的长度(单位是字节)。

(6) public String getAbsolutePath():获取文件的绝对路径。

(7) public String getParent():获取文件的父目录。

(8) public boolean isFile():判断文件是否是一个正常文件,而不是目录。

(9) public boolean isDirectroy():判断文件是否是一个目录。

(10) public boolean isHidden():判断文件是否是隐藏文件。

(11) public long lastModified():获取文件最后修改的时间(时间是从 1970 年午夜至文件最后修改时刻的毫秒数)。

思考练习

　　1. File 对象的 listFiles 方法返回目录下的全部文件(包括目录和文件),如果只显示目录则需要进行什么判断?

　　2. request 内置对象的 getParameter 方法获得要浏览的目录路径,创建文件对象时需要用到其什么功能?

 拓展任务

　　获取对应输入目录的路径和名称后,创建 File 对象创建目录并判断是否成功。

任务评价卡

任务编号	08-01		任务名称		文件目录操作		
任务完成方式	□小组协作　□个人独立完成						
项目	等级指标				自评	互评	师评
资料 搜集	A. 能通过多种渠道搜集资料,掌握技术应用、特性。 B. 能搜集部分资料,了解技术应用、特性。 C. 搜集渠道单一,资料较少,对技术应用、特性不熟悉						
操作 实践	A. 有很强的动手操作能力,实践方法取得显著成效。 B. 有较强的动手操作能力,实践方法取得较好成效。 C. 掌握基本动手操作能力,实践方法有一定成效						
成果 展示	A. 成果内容丰富,形式多样,且很有条理,能很好地解决问题。 B. 成果内容较多,形式较简单,比较有条理,能解决问题。 C. 成果内容较少,形式单一,条理性不强,能基本解决问题						
过程 体验	A. 熟练完成任务,理解并掌握本任务相关知识技能。 B. 能完成任务,掌握本任务相关知识技能。 C. 完成部分任务,了解本任务相关知识技能						
合计	其中 A 为 86～100 分,B 为 71～85 分,C 为 0～70 分。A 为优秀, B 为良好,C 为尚需加强操作练习						
任务 完成 情况	1. 创建目录(优秀、良好、合格)。 2. 文件列表展示(优秀、良好、合格)。 3. 删除文件或目录(优秀、良好、合格)						
存在的主要问题:							

任务 2　文件操作

　　Java 的 I/O 流提供一条通道程序,可以使用这条通道把源中的数据传递到目的地。把输入流的指向称作源,程序从指向源的输入流中读取源中的数据。而输出流的指向是数据要去的目的地,程序通过向输出流中写入数据把信息传递到目的地。

java.io 包提供大量的流类。所有字节输入流类都是 InputStream(输入流)抽象类的子类,而所有字节输出流都是 OutputStream(输出流)抽象类的子类。

◆ **任务导入**

本任务学习使用文件输入流构造方法建立通往文件的输入流。为了提高读写的效率,FileInputStream 流经常和 BufferedInputStream 流配合使用,FileOutputStream 流经常和 BufferedOutputStream 流配合使用。

◆ **任务实施**

Web 服务器收到客户端的 http 请求,会针对每一次请求,分别创建一个用于代表请求的 request 对象和代表响应的 response 对象。

request 对象和 response 对象既然代表请求和响应,那么要获取客户机提交过来的数据,只需要找 request 对象就行了;要向客户机输出数据,只需要找 response 对象就行了。

1. 使用 OutputStream 流向客户端浏览器输出中文数据

使用 OutputStream 流输出中文数据应注意以下问题:

在服务器端,数据是以哪个编码输出的,那么就要控制客户端浏览器以相应的编码打开,比如:OutputStream. write("中国". getBytes("UTF-8"));使用 OutputStream 流向客户端浏览器输出中文,以 UTF-8 编码进行输出,此时就要控制客户端浏览器以 UTF-8 编码打开,否则显示的时候就会出现中文乱码。那么在服务器端如何控制客户端浏览器以 UTF-8 编码显示数据呢? 这时可以通过设置响应头控制浏览器的行为,例如:response. setHeader("content-type", "text/html;charset=UTF-8");通过设置响应头控制浏览器以 UTF-8 编码显示数据。

范例:使用 OutputStream 流向客户端浏览器输出"中国"这两个汉字

```
1 package gacl.response.study;
2 import java.io.IOException;
3 import java.io.OutputStream;
4 import javax.servlet.ServletException;
5 import javax.servlet.http.HttpServlet;
6 import javax.servlet.http.HttpServletRequest;
7 import javax.servlet.http.HttpServletResponse;
8 publicclass ResponseDemo01 extends HttpServlet {
9 privatestaticfinallong serialVersionUID=4312868947607181532L;
10 publicvoid doGet(HttpServletRequest request, HttpServletResponse response)
11 throws ServletException, IOException {
12        outputChineseByOutputStream(response);// 使用 OutputStream 流输出中文
13    }
14 publicvoid outputChineseByOutputStream (HttpServletResponse response) throws
IOException{
15        String data="中国";
```

```
16        OutputStream outputStream= response.getOutputStream();//获取 OutputStream
输出流
17        response.setHeader("content-type", "text/html;charset=UTF-8");//通过设置响
应头控制浏览器以 UTF-8 编码显示数据,如果不加这句话,那么浏览器显示的将是乱码
18 /**
19        *data.getBytes()是一个将字符转换成字节数组的过程,这个过程的作用是查码表,
20        *如果是中文的操作系统环境,默认就是查找 GB 2312 的码表,
21        *将字符转换成字节数组的过程就是将中文字符转换成 GB2312 的码表上对应的数字
22        *比如:"中"在 GB2312 的码表上对应的数字是 98,
23        *     "国"在 GB2312 的码表上对应的数字是 99
24 */
25 /**
26        *getBytes()方法如果不带参数,那么就会根据操作系统的语言环境来选择转换码表,如
果是中文操作系统,那么就使用 GB 2312 的码表
27 */
28 byte[] dataByteArr=data.getBytes("UTF-8");//将字符转换成字节数组,指定以 UTF-8 编码
进行转换
29        outputStream.write(dataByteArr);//使用 OutputStream 流向客户端输出字节数组
30    }
31 publicvoid doPost(HttpServletRequest request, HttpServletResponse response)
32 throws ServletException, IOException {
33        doGet(request, response);
34    }
35 }
```

客户端浏览器接收到数据后,就按照响应头上设置的字符编码来解析数据。

2. 使用 PrintWriter 流向客户端浏览器输出中文数据

使用 PrintWriter 流输出中文数据应注意以下问题:

在获取 PrintWriter 输出流之前首先使用 response. setCharacterEncoding(charset);设置字符以什么样的编码输出到浏览器,如 response. setCharacterEncoding("UTF-8");表示设置字符以 UTF-8 编码输出到客户端浏览器,然后再使用 response. getWriter()来获取 PrintWriter 输出流,这两个步骤不能颠倒。

```
1 response.setCharacterEncoding("UTF-8");//设置将字符以 UTF-8 编码输出到客户端浏览器
2 PrintWriter out= response.getWriter();//获取 PrintWriter 输出流
```

接着使用 response. setHeader("content-type", "text/html;charset=字符编码");设置响应头,控制浏览器以指定的字符编码显示,例如:

```
1// 通过设置响应头控制浏览器以 UTF-8 编码显示数据,如果不加这行代码,那么浏览器显示的将是
乱码
2 response.setHeader("content-type", "text/html;charset= UTF-8");
```

除了可以使用 response. setHeader("content-type", "text/html;charset=字符编码");设置响应头来控制浏览器以指定的字符编码显示这种方式之外,还可以用如下的方式来模拟响应头的作用。

```
1 /**
2 * 多学一招:使用 HTML 语言里面的< meta> 标签来控制浏览器行为,模拟通过设置响应头控制浏
览器行为
3 * response.getWriter().write("<meta http-equiv='content-type' content='text/html;
charset=UTF-8'/>");
4 * 等同于 response.setHeader("content-type", "text/html;charset=UTF-8");
5 */
6 response.getWriter().write("<meta http-equiv='content-type' content='text/html;
charset=UTF-8'/>");
```

范例:使用 PrintWriter 流向客户端浏览器输出"中国"这两个汉字

```
1 package gacl.response.study;
2
3 import java.io.IOException;
4 import java.io.OutputStream;
5 import java.io.PrintWriter;
6 import javax.servlet.ServletException;
7 import javax.servlet.http.HttpServlet;
8 import javax.servlet.http.HttpServletRequest;
9 import javax.servlet.http.HttpServletResponse;
10
11 publicclass ResponseDemo01 extends HttpServlet {
12
13 privatestaticfinallong serialVersionUID= 43128689476071181532L;
14
15 publicvoid doGet(HttpServletRequest request, HttpServletResponse response)
16 throws ServletException, IOException {
17       outputChineseByPrintWriter(response);//使用 PrintWriter 流输出中文
18   }
19
20 /**
21    *使用 PrintWriter 流输出中文
22    *@param request
23    *@param response
24    *@throws IOException
25 */
26 publicvoid outputChineseByPrintWriter (HttpServletResponse response) throws
IOException{
27     String data= "中国";
28
29 //通过设置响应头控制浏览器以 UTF-8 的编码显示数据,如果不加这句话,那么浏览器显示的将
是乱码
30 // response.setHeader("content-type", "text/html;charset= UTF-8");
31
```

```
32          response.setCharacterEncoding("UTF-8");//设置将字符以 UTF-8 编码输出到客户
端浏览器
33 /**
34          * PrintWriter out = response.getWriter();这句代码必须放在 response.
setCharacterEncoding("UTF-8");之后
35          *否则 response.setCharacterEncoding("UTF-8")这行代码的设置将无效,浏览器显
示的时候还是乱码
36 */
37          PrintWriter out=response.getWriter();//获取 PrintWriter 输出流
38 /**
39          *多学一招:使用 HTML 语言里面的< meta> 标签来控制浏览器行为,模拟通过设置响应
头控制浏览器行为
40          *out.write("<meta http-equiv='content-type' content='text/html;charset=
UTF-8'/>");
41          *等同于 response.setHeader("content-type", "text/html;charset=UTF-8");
42 */
43          out.write("< meta http-equiv='content-type' content='text/html;charset=
UTF-8'/>");
44          out.write(data);//使用 PrintWriter 流向客户端输出字符
45      }
46
47 publicvoid doPost(HttpServletRequest request, HttpServletResponse response)
48 throws ServletException, IOException {
49          doGet(request, response);
50      }
51 }
```

当需要向浏览器输出字符数据时,使用 PrintWriter 比较方便,省去了将字符转换成字
节数组那一步。

3. 使用 OutputStream 或者 PrintWriter 向客户端浏览器输出数字

比如有如下的代码:

```
1 package gacl.response.study;
2
3 import java.io.IOException;
4 import java.io.OutputStream;
5 import java.io.PrintWriter;
6
7 import javax.servlet.ServletException;
8 import javax.servlet.http.HttpServlet;
9 import javax.servlet.http.HttpServletRequest;
10 import javax.servlet.http.HttpServletResponse;
11
12 publicclass ResponseDemo01 extends HttpServlet {
```

```
13
14 privatestaticfinallong serialVersionUID=4312868947607181532L;
15
16 publicvoid doGet(HttpServletRequest request, HttpServletResponse response)
17 throws ServletException, IOException {
18
19          outputOneByOutputStream(response);//使用 OutputStream 输出 1 到客户端浏览器
20
21     }
22
23 /**
24     *使用 OutputStream 流输出数字 1
25     *@param request
26     *@param response
27     *@throws IOException
28 */
29   publicvoid   outputOneByOutputStream ( HttpServletResponse   response )   throws
IOException{
30          response.setHeader("content-type", "text/html;charset=UTF-8");
31          OutputStream outputStream= response.getOutputStream();
32          outputStream.write("使用 OutputStream 流输出数字 1:".getBytes("UTF-8"));
33 outputStream.write(1);
34     }
35
36 }
```

运行的结果和我们想象的不一样,数字 1 没有输出来,下面我们修改一下上面的
outputOneByOutputStream 方法的代码,修改后的代码如下:

```
1 /**
2     *使用 OutputStream 流输出数字 1
3     *@param request
4     *@param response
5     *@throws IOException
6 */
7   publicvoid   outputOneByOutputStream ( HttpServletResponse   response )   throws
IOException{
8          response.setHeader("content-type", "text/html;charset= UTF-8");
9          OutputStream outputStream=response.getOutputStream();
10          outputStream.write("使用 OutputStream 流输出数字 1:".getBytes("UTF-8"));
11 // outputStream.write(1);
12 outputStream.write((1+"").getBytes());
13     }
```

1十""这一步是将数字 1 和一个空字符串相加,这样处理之后,数字 1 就变成了字符串 1

了,然后再将字符串 1 转换成字节数组使用 OutputStream 进行输出,此时看到的输出结果是 1。这说明了一个问题:在开发过程中,如果希望服务器输出什么浏览器就能看到什么,那么在服务器端都要以字符串的形式进行输出。

如果使用 PrintWriter 流输出数字,那么也要先将数字转换成字符串后再输出,如下:

```
1 /**
2    *使用 PrintWriter 流输出数字 1
3    *@param request
4    *@param response
5    *@throws IOException
6 */
7 publicvoid outputOneByPrintWriter(HttpServletResponse response) throws IOException
{
8        response.setHeader("content-type", "text/html;charset=UTF-8");
9        response.setCharacterEncoding("UTF-8");
10       PrintWriter out=response.getWriter();//获取 PrintWriter 输出流
11       out.write("使用 PrintWriter 流输出数字 1:");
12       out.write(1+"");
13    }
```

4. 文件下载

文件下载功能是 Web 开发中经常用到的功能,使用 HttpServletResponse 对象就可以实现文件的下载。

文件下载功能的实现思路:

(1) 获取要下载的文件的绝对路径。

(2) 获取要下载的文件名。

(3) 设置 content-disposition 响应头控制浏览器以下载的形式打开文件。

(4) 获取要下载的文件输入流。

(5) 创建数据缓冲区。

(6) 通过 response 对象获取 OutputStream 流。

(7) 将 FileInputStream 流写入 buffer 缓冲区。

(8) 使用 OutputStream 将缓冲区的数据输出到客户端浏览器。

范例:使用 Response 实现文件下载

```
1 package gacl.response.study;
2 import java.io.FileInputStream;
3 import java.io.FileNotFoundException;
4 import java.io.FileReader;
5 import java.io.IOException;
6 import java.io.InputStream;
7 import java.io.OutputStream;
8 import java.io.PrintWriter;
9 import java.net.URLEncoder;
10 import javax.servlet.ServletException;
```

```
11 import javax.servlet.http.HttpServlet;

12 import javax.servlet.http.HttpServletRequest;

13 import javax.servlet.http.HttpServletResponse;

14 /**

15 *@author gacl

16 *文件下载

17 */

18 publicclass ResponseDemo02 extends HttpServlet {

19

20 publicvoid doGet(HttpServletRequest request, HttpServletResponse response)

21 throws ServletException, IOException {

22         downloadFileByOutputStream(response);//下载文件,通过 OutputStream 流

23     }

24

25 /**

26    *下载文件,通过 OutputStream 流

27    *@param response

28    *@throws FileNotFoundException

29    *@throws IOException

30 */

31 privatevoid downloadFileByOutputStream(HttpServletResponse response)

32 throws FileNotFoundException, IOException {

33 //获取要下载的文件的绝对路径

34         String realPath= this.getServletContext().getRealPath("/download/1.jpg");

35 //获取要下载的文件名

36         String fileName= realPath.substring(realPath.lastIndexOf("\\")+1);

37 //设置 content-disposition 响应头控制浏览器以下载的形式打开文件

38         response.setHeader("content-disposition","attachment;filename="+
fileName);

39 //获取要下载的文件输入流

40         InputStream in=new FileInputStream(realPath);

41 int len=0;

42 //创建数据缓冲区

43 byte[] buffer=newbyte[1024];

44 //通过 response 对象获取 OutputStream 流

45         OutputStream out=response.getOutputStream();

46 //将 FileInputStream 流写入 buffer 缓冲区

47 while ((len=in.read(buffer)) > 0) {

48 //使用 OutputStream 将缓冲区的数据输出到客户端浏览器

49             out.write(buffer,0,len);

50     }

51         in.close();

52     }
```

```
53
54 publicvoid doPost(HttpServletRequest request, HttpServletResponse response)
55 throws ServletException, IOException {
56        doGet(request, response);
57    }
58 }
```

下载中文文件时,需要注意的就是中文文件名要使用 URLEncoder. encode 方法进行编码(URLEncoder. encode(fileName,"字符编码")),否则会出现文件名乱码。

范例:使用 Response 实现中文文件下载

```
1 package gacl.response.study;
2 import java.io.FileInputStream;
3 import java.io.FileNotFoundException;
4 import java.io.FileReader;
5 import java.io.IOException;
6 import java.io.InputStream;
7 import java.io.OutputStream;
8 import java.io.PrintWriter;
9 import java.net.URLEncoder;
10 import javax.servlet.ServletException;
11 import javax.servlet.http.HttpServlet;
12 import javax.servlet.http.HttpServletRequest;
13 import javax.servlet.http.HttpServletResponse;
14 /**
15 *@author gacl
16 *文件下载
17*/
18 publicclass ResponseDemo02 extends HttpServlet {
19
20 publicvoid doGet(HttpServletRequest request, HttpServletResponse response)
21 throws ServletException, IOException {
22        downloadChineseFileByOutputStream(response);∥下载中文文件
23    }
24
25 /**
26    *下载中文文件,中文文件下载时,文件名要经过 URL 编码,否则会出现文件名乱码
27    *@param response
28    *@throws FileNotFoundException
29    *@throws IOException
30 */
31 privatevoid downloadChineseFileByOutputStream(HttpServletResponse response)
32 throws FileNotFoundException, IOException {
```

```
33        String realPath=this.getServletContext().getRealPath("/download/张家界国
家森林公园.jpg");//获取要下载的文件的绝对路径
34        String fileName=realPath.substring(realPath.lastIndexOf("\\")+1);//获取要
下载的文件名
35        response.setHeader("content-disposition", "attachment; filename =" +
URLEncoder.encode(fileName, "UTF-8"));//设置 content-disposition 响应头控制浏览器以下
载的形式打开文件,中文文件名要使用 URLEncoder.encode 方法进行编码,否则会出现文件名乱码
36        InputStream in=new FileInputStream(realPath);//获取要下载的中文文件输入流
37 int len=0;
38 byte[] buffer=newbyte[1024];
39        OutputStream out=response.getOutputStream();
40 while ((len=in.read(buffer))>0) {
41            out.write(buffer,0,len);//将缓冲区的数据输出到客户端浏览器
42        }
43        in.close();
44    }
45
46 publicvoid doPost(HttpServletRequest request, HttpServletResponse response)
47 throws ServletException, IOException {
48        doGet(request, response);
49    }
50 }
```

文件下载注意事项:编写文件下载功能时推荐使用 OutputStream 流,避免使用 PrintWriter 流,因为 OutputStream 流是字节流,可以处理任意类型的数据,而 PrintWriter 流是字符流,只能处理字符数据,如果用字符流处理字节数据,会导致数据丢失。

范例:使用 PrintWriter 流下载文件

```
1 package gacl.response.study;
2 import java.io.FileInputStream;
3 import java.io.FileNotFoundException;
4 import java.io.FileReader;
5 import java.io.IOException;
6 import java.io.InputStream;
7 import java.io.OutputStream;
8 import java.io.PrintWriter;
9 import java.net.URLEncoder;
10 import javax.servlet.ServletException;
11 import javax.servlet.http.HttpServlet;
12 import javax.servlet.http.HttpServletRequest;
13 import javax.servlet.http.HttpServletResponse;
14 /**
15 *@author gacl
16 *文件下载
```

```
17 */
18 publicclass ResponseDemo02 extends HttpServlet {
19
20 publicvoid doGet(HttpServletRequest request, HttpServletResponse response)
21 throws ServletException, IOException {
22        downloadFileByPrintWriter(response);//下载文件,通过 PrintWriter 流
23    }
24
25/**
26    *下载文件,通过 PrintWriter 流虽然也能够实现下载,但是会导致数据丢失,因此不推荐使
用 PrintWriter 流下载文件
27    *@param response
28    *@throws FileNotFoundException
29    *@throws IOException
30 */
31 privatevoid downloadFileByPrintWriter(HttpServletResponse response)
32 throws FileNotFoundException, IOException {
33        String realPath= this.getServletContext().getRealPath("/download/张家界
国家森林公园.jpg");//获取要下载的文件的绝对路径
34        String fileName= realPath.substring(realPath.lastIndexOf("\\")+1);//获取
要下载的文件名
35         response. setHeader ( " content-disposition", " attachment; filename =" +
URLEncoder.encode(fileName, "UTF-8"));//设置 content-disposition 响应头控制浏览器以下
载的形式打开文件,中文文件名要使用 URLEncoder.encode 方法进行编码
36        FileReader in=new FileReader(realPath);
37 int len=0;
38 char[] buffer=newchar[1024];
39        PrintWriter out=response.getWriter();
40 while ((len=in.read(buffer))>0) {
41            out.write(buffer,0,len);//将缓冲区的数据输出到客户端浏览器
42        }
43        in.close();
44    }
45
46 publicvoid doPost(HttpServletRequest request, HttpServletResponse response)
47 throws ServletException, IOException {
48        doGet(request, response);
49    }
50 }
```

正常弹出下载框,此时我们单击【保存】按钮将文件下载下来。

可以看到,下载文件的大小只有 5.25 MB,而这张图片的原始大小却远大于 5.25 MB,这说明下载时数据丢失了,所以这张图片虽然能够正常下载下来,但是因数据不完整而无法

打开。

　　使用 PrintWriter 流处理字节数据,会导致数据丢失,这一点千万要注意。在编写下载文件功能时,建议使用 OutputStream 流,避免使用 PrintWriter 流,因为 OutputStream 流是字节流,可以处理任意类型的数据,而 PrintWriter 流是字符流,只能处理字符数据。

◆　知识链接

　　HttpServletResponse 对象代表服务器的响应。这个对象中封装了向客户端发送数据、发送响应头、发送响应状态码的方法。查看 HttpServletResponse 的 API,可以看到这些相关的方法。

　　向客户端(浏览器)发送数据的相关方法见表 8-1。

表 8-1　HttpServletResponse 对象中发送数据的方法

方法	功能
getOutputStream()	返回一个 ServletOutputStream,它适合在响应中写入二进制数据
getWriter()	返回可以将字符文本发送到客户端的 PrintWriter

　　向客户端(浏览器)发送响应头的相关方法见表 8-2。

表 8-2　HttpServletResponse 对象中发送响应头的方法

方法	功能
void addDateHeader(String name, long date)	添加指定名称的响应头和日期值
void addHeader(String name, String value)	添加指定名称的响应头和值
void addIntHeader(String name, int value)	添加指定名称的响应头和 int 值
boolean containsHeader(String name)	返回指定的响应头是否存在
void setHeader(String name, String value)	使用指定名称和值设置响应头的名称和内容
void setIntHeader(String name, int value)	指定 int 类型的值到 name 标头
void setDateHeader(String name, long date)	使用指定名称和值设置响应头的名称和内容

　　向客户端(浏览器)发送响应状态码的相关方法见表 8-3。

表 8-3　HttpServletResponse 对象中发送状态码的方法

方法	功能
void setStatus(int sc)	设置响应的状态码

　　HttpServletResponse 定义了很多状态码的常量(具体可以查看 Servlet 的 API),当需要向客户端发送响应状态码时,可以使用这些常量,避免了直接写数字,常见的状态码对应的具体状态如下:

　　状态码 404 表示无法找到指定位置的资源。这也是一个常用的应答。

　　状态码 200 表示一切正常。对 GET 和 POST 请求的应答文档紧跟其后。

　　状态码 500 表示服务器遇到了意料不到的情况,不能完成客户的请求。

思考练习

为什么会出现中文乱码问题？

 拓展任务

为论坛添加上传下载文件功能。

任务评价卡

任务编号	08-02	任务名称		文件操作		
任务完成方式	□小组协作　□个人独立完成					
项目	等级指标			自评	互评	师评
资料搜集	A. 能通过多种渠道搜集资料，掌握技术应用、特性。 B. 能搜集部分资料，了解技术应用、特性。 C. 搜集渠道单一，资料较少，对技术应用、特性不熟悉					
操作实践	A. 有很强的动手操作能力，实践方法取得显著成效。 B. 有较强的动手操作能力，实践方法取得较好成效。 C. 掌握基本动手操作能力，实践方法有一定成效					
成果展示	A. 成果内容丰富，形式多样，且很有条理，能很好地解决问题。 B. 成果内容较多，形式较简单，比较有条理，能解决问题。 C. 成果内容较少，形式单一，条理性不强，能基本解决问题					
过程体验	A. 熟练完成任务，理解并掌握本任务相关知识技能。 B. 能完成任务，掌握本任务相关知识技能。 C. 完成部分任务，了解本任务相关知识技能					
合计	其中 A 为 86～100 分，B 为 71～85 分，C 为 0～70 分。A 为优秀，B 为良好，C 为尚需加强操作练习					
任务完成情况	1. 使用 OutputStream 流（优秀、良好、合格）。 2. 使用 PrintWriter 流（优秀、良好、合格）。 3. 文件上传（优秀、良好、合格）。 4. 文件下载（优秀、良好、合格）					
存在的主要问题：						

项目 **9** Servlet 探析

Servlet(Server Applet)，全称 Java Servlet，是用 Java 编写的服务器端程序。其主要功能是交互式地浏览和修改数据，生成动态 Web 内容。

虽然使用 JSP 可以完成动态 Web 页的开发，但页面上会存在大量的 Java 代码，使用 Servlet 则可以让开发出来的页面更简洁。Servlet 运行于支持 Java 的应用服务器中。从实现上讲，Servlet 可以响应任何类型的请求，但绝大多数情况下 Servlet 只用来扩展基于 HTTP 协议的 Web 服务器。

任务 1　编写 Servlet

◆　任务导入

Servlet 是使用 Java 语言编写的服务器端程序，可以像 JSP 一样生成动态的 Web 页面。Servlet 主要运行在服务器端，并由服务器调用执行以处理客户端的请求，并作出回应。一个 Servlet 就是一个 Java 类，更直接地说，Servlet 是能够使用 print 语句产生动态 HTML 内容的 Java 类。

◆　任务实施

为了掌握 Servlet 的基本编写方法，我们通过完成任务来了解 Servlet。

Oracle 公司定义了 Servlet 接口的两个默认实现类，即 GenericServlet 和 HttpServlet。

HttpServlet 指能够处理 HTTP 请求的 Servlet，它在原有 Servlet 接口上添加了一些 HTTP 协议处理方法，它比 Servlet 接口的功能更强大。因此开发人员在编写 Servlet 时，通常应继承这个类，而避免直接去实现 Servlet 接口。

HttpServlet 在实现 Servlet 接口时，覆写了 service 方法，该方法体内的代码会自动判断用户的请求方式，若为 Get 请求，则调用 HttpServlet 的 doGet 方法，若为 Post 请求，则调用 doPost 方法。因此，开发人员在编写 Servlet 时，通常只需要覆写 doGet 或 doPost 方法，而不要去覆写 service 方法。

可以通过 Eclipse 创建和编写 Servlet，选择 gacl. servlet. study 包，右击，依次选择 New →Servlet，如图 9-1 所示。

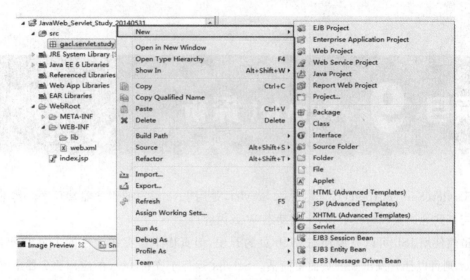

图 9-1　创建 Servlet

我们通过 Eclipse 创建一个名字为 ServletDemo1 的 Servlet，创建好的 ServletDemo1 里面会有如下代码：

```
1 package gacl.servlet.study;
2 import java.io.IOException;
3 import java.io.PrintWriter;
4 import javax.servlet.ServletException;
5 import javax.servlet.http.HttpServlet;
6 import javax.servlet.http.HttpServletRequest;
7 import javax.servlet.http.HttpServletResponse;
8 publicclass ServletDemo1 extends HttpServlet {
9 /**
10   *The doGet method of the servlet. <br>
11   *This method is called when a form has its tag value method equals to get.
12   *@param request the request send by the client to the server
13   *@param response the response send by the server to the client
14   *@throws ServletException if an error occurred
15   *@throws IOException if an error occurred
16 */
17 publicvoid doGet(HttpServletRequest request, HttpServletResponse response)
18 throws ServletException, IOException {
19         response.setContentType("text/html");
20         PrintWriter out=response.getWriter();
21         out.println("< ! DOCTYPE HTML PUBLIC \"-// W3C// DTD HTML 4.01 Transitional//
EN\">");
22         out.println("<HTML>");
23         out.println("  <HEAD><TITLE>A Servlet</TITLE></HEAD>");
24         out.println("  <BODY>");
25         out.print("    This is ");
```

```
26          out.print(this.getClass());
27          out.println(", using the GET method");
28          out.println("  </BODY>");
29          out.println("</HTML>");
30          out.flush();
31          out.close();
32      }
33 /**
34      *The doPost method of the servlet. <br>
35      *This method is called when a form has its tag value method equals to post.
36      *@param request the request send by the client to the server
37      *@param response the response send by the server to the client
38      *@throws ServletException if an error occurred
39      *@throws IOException if an error occurred
40 */
41 publicvoid doPost(HttpServletRequest request, HttpServletResponse response)
42 throws ServletException, IOException {
43          response.setContentType("text/html");
44          PrintWriter out=response.getWriter();
45          out.println("<!DOCTYPE HTML PUBLIC \"-//W3C//DTD HTML 4.01 Transitional//EN\">");
46          out.println("<HTML>");
47          out.println("  <HEAD><TITLE>A Servlet</TITLE></HEAD>");
48          out.println("  <BODY>");
49          out.print("    This is ");
50          out.print(this.getClass());
51          out.println(", using the POST method");
52          out.println("  </BODY>");
53          out.println("</HTML>");
54          out.flush();
55          out.close();
56      }
57 }
```

这些代码都是 Eclipse 自动生成的,而 web. xml 文件中也多了<servlet></servlet>和<servlet-mapping></servlet-mapping>两对标签,这两对标签是配置 ServletDemo1的,这样我们就可以通过浏览器访问 ServletDemo1 这个 Servlet。

◆ **知识链接**

1. Servlet 简介

Servlet 是 Oracle 公司提供的一门用于开发动态 Web 资源的技术。

Oracle 公司在其 API 中提供了一个 Servlet 接口,用户若想开发一个动态 Web 资源(即开发一个 Java 程序向浏览器输出数据),需要完成以下 2 个步骤:

(1) 编写一个 Java 类,实现 Servlet 接口。

(2) 把开发好的 Java 类部署到 Web 服务器中。

通常也把实现了 Servlet 接口的 Java 程序称为 Servlet。

2. Servlet 的运行过程

Servlet 程序是由 Web 服务器调用, Web 服务器收到客户端的 Servlet 访问请求后执行以下步骤:

① Web 服务器首先检查是否已经装载并创建了该 Servlet 的实例对象。如果是, 则直接执行第④步, 否则, 执行第②步。

② 装载并创建该 Servlet 的一个实例对象。

③ 调用 Servlet 实例对象的 init() 方法。

④ 创建一个用于封装 HTTP 请求消息的 HttpServletRequest 对象和一个代表 HTTP 响应消息的 HttpServletResponse 对象, 然后调用 Servlet 的 service() 方法并将请求和响应对象作为参数传递进去。

⑤ Web 应用程序被停止或重新启动之前, Servlet 引擎将卸载 Servlet, 并在卸载之前调用 Servlet 的 destroy() 方法。

3. Servlet 调用图(见图 9-2)

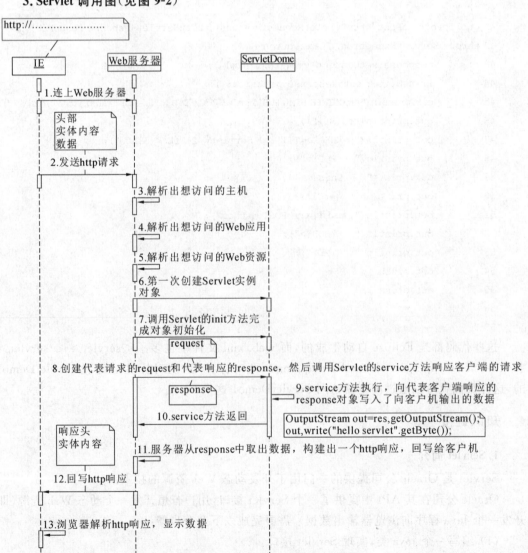

图 9-2 Servlet 调用图

4. Servlet 开发注意细节

由于客户端是通过 URL 地址访问 Web 服务器中的资源,所以 Servlet 程序若想被外界访问,必须把 Servlet 程序映射到一个 URL 地址上,这个工作在 web. xml 文件中使用 <servlet>元素和<servlet-mapping>元素完成。

<servlet>元素用于注册 Servlet,它包含有两个主要的子元素:<servlet-name>和 <servlet-class>,分别用于设置 Servlet 的注册名称和 Servlet 的完整类名。

一个<servlet-mapping>元素用于映射一个已注册的 Servlet 的一个对外访问路径,它包含有两个子元素:<servlet-name>和<url-pattern>,分别用于指定 Servlet 的注册名称和 Servlet 的对外访问路径。例如:

```
1 <servlet>
2 <servlet-name>ServletDemo1</servlet-name>
3 <servlet-class>gacl.servlet.study.ServletDemo1</servlet-class>
4 </servlet>
5 <servlet-mapping>
6 <servlet-name>ServletDemo1</servlet-name>
7 <url-pattern>/servlet/ServletDemo1</url-pattern>
8 </servlet-mapping>
```

同一个 Servlet 可以被映射到多个 URL 上,即多个<servlet-mapping>元素的 <servlet-name>子元素的设置值可以是同一个 Servlet 的注册名。例如:

```
1 <servlet>
2 <servlet-name>ServletDemo1</servlet-name>
3 <servlet-class>gacl.servlet.study.ServletDemo1</servlet-class>
4 </servlet>
5 <servlet-mapping>
6 <servlet-name>ServletDemo1</servlet-name>
7 <url-pattern>/servlet/ServletDemo1</url-pattern>
8 </servlet-mapping>
9 <servlet-mapping>
10 <servlet-name>ServletDemo1</servlet-name>
11 <url-pattern>/1.htm</url-pattern>
12 </servlet-mapping>
13 <servlet-mapping>
14 <servlet-name>ServletDemo1</servlet-name>
15 <url-pattern>/2.jsp</url-pattern>
16 </servlet-mapping>
17 <servlet-mapping>
18 <servlet-name>ServletDemo1</servlet-name>
19 <url-pattern>/3.php</url-pattern>
20 </servlet-mapping>
21 <servlet-mapping>
```

```
22 <servlet-name>ServletDemo1</servlet-name>
23 <url-pattern>/4.ASPX</url-pattern>
24 </servlet-mapping>
```

通过上面的配置,当我们想访问名称是 ServletDemo1 的 Servlet,可以使用如下的几个地址去访问:

```
http://localhost:8080/JavaWeb_Servlet_Study/servlet/ServletDemo1
http://localhost:8080/JavaWeb_Servlet_Study/1.htm
http://localhost:8080/JavaWeb_Servlet_Study/2.jsp
http://localhost:8080/JavaWeb_Servlet_Study/3.php
http://localhost:8080/JavaWeb_Servlet_Study/4.ASPX
```

ServletDemo1 被映射到了多个 URL 上。

Servlet 访问 URL 使用 * 通配符映射。

在 Servlet 映射到的 URL 中也可以使用 * 通配符,但是只能有两种固定的格式:一种格式是"*.扩展名",另一种格式是以正斜杠(/)开头并以"/*"结尾。例如:

```
1 <servlet>
2 <servlet-name>ServletDemo1</servlet-name>
3 <servlet-class>gacl.servlet.study.ServletDemo1</servlet-class>
4 </servlet>
5 <servlet-mapping>
6 <servlet-name>ServletDemo1</servlet-name>
7 <url-pattern>/*</url-pattern>
```

"*"可以匹配任意的字符,所以此时可以用任意的 URL 去访问 ServletDemo1 这个 Servlet。

关于"*"号的使用可以通过下面内容进一步了解。假设有如下映射关系:

Servlet1 映射到 /abc/* ;

Servlet2 映射到 /* ;

Servlet3 映射到 /abc;

Servlet4 映射到 *.do。

当请求发生时,会有对应行为:

当请求 URL 为"/abc/a.html","/abc/*"和"/*"都可以匹配这个 URL,但是 Servlet 引擎最终只调用 Servlet1。

当请求 URL 为"/abc"时,"/abc/*"和"/abc"都匹配,Servlet 引擎最终只调用 Servlet3。

当请求 URL 为"/abc/a.do"时,"/abc/*"和"*.do"都匹配,Servlet 引擎最终只调用 Servlet1。

当请求 URL 为"/a.do"时,"/*"和"*.do"都匹配,Servlet 引擎最终只调用 Servlet2。

当请求 URL 为"/xxx/yyy/a.do"时,"/*"和"*.do"都匹配,Servlet 引擎最终只调用 Servlet2。

匹配的原则就是"引擎将寻找与 URL 地址中最相似的映射目标 Servlet 并调用"。

5. Servlet 与普通 Java 类的区别

Servlet 是一个供其他 Java 程序(Servlet 引擎)调用的 Java 类,它不能独立运行,它的运行完全由 Servlet 引擎来控制和调度。

针对客户端的多次 Servlet 请求,通常情况下,服务器只会创建一个 Servlet 实例对象,也就是说 Servlet 实例对象一旦创建,它就会驻留在内存中,为后续的其他请求服务,直至 Web 容器退出,Servlet 实例对象才会销毁。

在 Servlet 的整个生命周期内,Servlet 的 init 方法只被调用一次。而 Servlet 的每次访问请求都会导致 Servlet 引擎调用一次 Servlet 的 service 方法。对于每次访问请求,Servlet 引擎都会创建一个新的 HttpServletRequest 请求对象和一个新的 HttpServletResponse 响应对象,然后将这两个对象作为参数传递给它调用的 Servlet 的 service()方法,service 方法再根据请求方式分别调用 doXxx 方法。

如果在<servlet>元素中配置了一个<load-on-startup>元素,那么 Web 应用程序在启动时,就会装载并创建 Servlet 的实例对象以及调用 Servlet 实例对象的 init()方法。

范例:

```
<servlet>
        <servlet-name>invoker</servlet-name>
        <servlet-class>
            org.apache.catalina.servlets.InvokerServlet
        </servlet-class>
        <load-on-startup>1</load-on-startup>
    </servlet>
```

这个程序段为 Web 应用写一个 initServlet,这个 Servlet 配置一般在启动时装载,为整个 Web 应用创建必要的数据库表和数据。

6. 缺省 Servlet

如果某个 Servlet 的映射路径仅仅为一个正斜杠(/),那么这个 Servlet 就成为当前 Web 应用程序的缺省 Servlet。

凡是在 web.xml 文件中找不到匹配的<servlet-mapping>元素的 URL,它们的访问请求都将交给缺省 Servlet 处理,也就是说,缺省 Servlet 用于处理所有其他 Servlet 都不处理的访问请求。例如:

```
1 <servlet>
2 <servlet-name>ServletDemo2</servlet-name>
3 <servlet-class>gacl.servlet.study.ServletDemo2</servlet-class>
4 <load-on-startup>1</load-on-startup>
5 </servlet>
6 <!--将 ServletDemo2 配置成缺省 Servlet -->
7 <servlet-mapping>
8 <servlet-name>ServletDemo2</servlet-name>
9 <url-pattern>/</url-pattern>
10 </servlet-mapping>
```

当访问不存在的 Servlet 时,就使用配置的默认 Servlet 处理。

在<tomcat 的安装目录>\conf\web.xml 文件中,注册了一个名称为 org.apache.catalina.servlets.DefaultServlet 的 Servlet,并将这个 Servlet 设置成缺省 Servlet。

```
1< servlet>
2< servlet-name> default< /servlet-name>
3< servlet-class> org.apache.catalina.servlets.DefaultServlet< /servlet-class>
4< init-param>
5< param-name> debug< /param-name>
6< param-value> 0< /param-value>
7< /init-param>
8< init-param>
9< param-name> listings< /param-name>
10< param-value> false< /param-value>
11< /init-param>
12< load-on-startup> 1< /load-on-startup>
13< /servlet>
14
15< ! - - The mapping for the default servlet - - >
16< servlet-mapping>
17< servlet-name> default< /servlet-name>
18< url-pattern> /< /url-pattern>
19< /servlet-mapping>
```

当访问 Tomcat 服务器中的某个静态 HTML 文件和图片时,实际上是在访问这个缺省 Servlet。

 思考练习

1. 简述 Servlet 基本结构和主要作用。
2. 简述 Servlet 生命周期。

 拓展任务

当多个客户端并发访问同一个 Servlet 时,Web 服务器会为每一个客户端的访问请求创建一个线程,并在这个线程上调用 Servlet 的 service 方法,因此如果在 service 方法内访问同一个资源的话,就有可能引发线程安全问题。工程中如何处理这样的安全隐患?

任务评价卡

任务编号	09-01	任务名称	编写 Servlet		
任务完成方式	□小组协作 □个人独立完成				
项目	等级指标		自评	互评	师评
资料搜集	A. 能通过多种渠道搜集资料,掌握技术应用、特性。 B. 能搜集部分资料,了解技术应用、特性。 C. 搜集渠道单一,资料较少,对技术应用、特性不熟悉				

项目	等级指标	自评	互评	师评
操作实践	A. 有很强的动手操作能力,实践方法取得显著成效。 B. 有较强的动手操作能力,实践方法取得较好成效。 C. 掌握基本动手操作能力,实践方法有一定成效			
成果展示	A. 成果内容丰富,形式多样,且很有条理,能很好地解决问题。 B. 成果内容较多,形式较简单,比较有条理,能解决问题。 C. 成果内容较少,形式单一,条理性不强,能基本解决问题			
过程体验	A. 熟练完成任务,理解并掌握本任务相关知识技能。 B. 能完成任务,掌握本任务相关知识技能。 C. 完成部分任务,了解本任务相关知识技能			
合计	其中 A 为 86～100 分,B 为 71～85 分,C 为 0～70 分。A 为优秀, B 为良好,C 为尚需加强操作练习			
任务完成情况	完成 Servlet 编写(优秀、良好、合格)			
存在的主要问题:				

任务 2 **部署和运行** Servlet

Servlet 是使用 Java 实现的 CGI 程序,但与传统 CGI 程序不同的是:Servlet 采用多线程的方式进行处理,所以程序的性能更高。要想实现一个 Servlet,一定要继承 HttpServlet 类,并根据需要重写该类的相应方法,使用前还需要在 web. xml 文件中配置 Servlet。

◆ **任务导入**

Servlet 作为一个组件,跟我们之前学过的 JSP 一样,也要部署到 Tomcat 中才能运行。通过修改 web. xml 文件配置 Servlet,使得 Servlet 能够正确部署并运行。

◆ **任务实施**

所有的 Servlet 程序都是以 . class 的形式存在的,所以必须在 WEB-INF\web. xml 文件中进行 Servlet 程序的映射配置。

在使用 Eclipse 创建 Web 项目时,Eclipse 会为我们创建一个 web. xml 文件,我们称之为部署文件(DD)。该文件在程序运行 Servlet 时起"重调度"的作用,它会告诉容器如何运行 Servlet 和 JSP 文件。

◆ **知识链接**

1. ServletConfig 讲解

1) 配置 Servlet 初始化参数

在 Servlet 的配置文件 web. xml 中,可以使用一个或多个<init-param>标签为 Servlet

来配置一些初始化参数。

范例：

```
1 < servlet>
2 < servlet-name> ServletConfigDemo1< /servlet-name>
3 < servlet-class> gacl.servlet.study.ServletConfigDemo1< /servlet-class>
4 < ! - - 配置 ServletConfigDemo1 的初始化参数 - - >
5 < init-param>
6 < param-name> name< /param-name>
7 < param-value> gacl< /param-value>
8 < /init-param>
9 < init-param>
10 < param-name> password< /param-name>
11 < param-value> 123< /param-value>
12 < /init-param>
13 < init-param>
14 < param-name> charset< /param-name>
15 < param-value> UTF-8< /param-value>
16 < /init-param>
17 < /servlet>
```

2）通过 ServletConfig 获取 Servlet 的初始化参数

当 Servlet 配置了初始化参数后，Web 容器在创建 Servlet 实例对象时，会自动将这些初始化参数封装到 ServletConfig 对象中，并在调用 Servlet 的 init 方法时，将 ServletConfig 对象传递给 Servlet。进而，程序员通过 ServletConfig 对象就可以得到当前 Servlet 的初始化参数信息。

范例：

```
1 package gacl.servlet.study;
2 import java.io.IOException;
3 import java.util.Enumeration;
4 import javax.servlet.ServletConfig;
5 import javax.servlet.ServletException;
6 import javax.servlet.http.HttpServlet;
7 import javax.servlet.http.HttpServletRequest;
8 import javax.servlet.http.HttpServletResponse;
9 publicclass ServletConfigDemo1 extends HttpServlet {
10 private ServletConfig config;
11     @ Override
12 publicvoid init(ServletConfig config) throws ServletException {
13 this.config= config;
14     }
15 publicvoid doGet(HttpServletRequest request, HttpServletResponse response)
16 throws ServletException, IOException {
17 // 获取在 web.xml 中配置的初始化参数
```

```
18        String paramVal= this.config.getInitParameter("name");//获取指定的初始化
参数
19          response.getWriter().print(paramVal);
20          response.getWriter().print("< hr/> ");
21 //获取所有的初始化参数
22          Enumeration< String>  e= config.getInitParameterNames();
23 while(e.hasMoreElements()){
24            String name= e.nextElement();
25            String value= config.getInitParameter(name);
26            response.getWriter().print(name+ "= "+ value+ "< br/> ");
27      }
28    }
29 publicvoid doPost(HttpServletRequest request, HttpServletResponse response)
30 throws ServletException, IOException {
31 this.doGet(request, response);
32    }
33 }
```

2. ServletContext 对象

Web 容器在启动时，它会为每个 Web 应用程序都创建一个对应的 ServletContext 对象，它代表当前 Web 应用。

ServletConfig 对象中维护了 ServletContext 对象的引用，开发人员在编写 Servlet 时，可以通过 ServletConfig. getServletContext 方法获得 ServletContext 对象。

由于一个 Web 应用中的所有 Servlet 共享同一个 ServletContext 对象，因此 Servlet 对象之间可以通过 ServletContext 对象来实现数据共享。ServletContext 对象通常也被称为 context 域对象。

3. ServletContext 的应用

1）多个 Servlet 通过 ServletContext 对象实现数据共享

范例：ServletContextDemo1 通过 ServletContext 对象实现数据共享

```
1 package gacl.servlet.study;
2
3 import java.io.IOException;
4 import javax.servlet.ServletContext;
5 import javax.servlet.ServletException;
6 import javax.servlet.http.HttpServlet;
7 import javax.servlet.http.HttpServletRequest;
8 import javax.servlet.http.HttpServletResponse;
9
10 publicclass ServletContextDemo1 extends HttpServlet {
11
12 publicvoid doGet(HttpServletRequest request, HttpServletResponse response)
13 throws ServletException, IOException {
14        String data= "xdp_gacl";
```

```
15 /**
16     * ServletConfig 对象中维护了 ServletContext 对象的引用,开发人员在编写
servlet 时,
17     * 可以通过 ServletConfig.getServletContext 方法获得 ServletContext 对象。
18 */
19     ServletContext context= this.getServletConfig().getServletContext();//获
得 ServletContext 对象
20     context.setAttribute("data", data);    //将 data 存储到 ServletContext 对象中
21   }
22
23 publicvoid doPost(HttpServletRequest request, HttpServletResponse response)
24 throws ServletException, IOException {
25     doGet(request, response);
26   }
27 }
```

范例:ServletContextDemo2 通过 ServletContext 对象实现数据共享

```
1 package gacl.servlet.study;
2
3 import java.io.IOException;
4 import javax.servlet.ServletContext;
5 import javax.servlet.ServletException;
6 import javax.servlet.http.HttpServlet;
7 import javax.servlet.http.HttpServletRequest;
8 import javax.servlet.http.HttpServletResponse;
9
10 publicclass ServletContextDemo2 extends HttpServlet {
11
12 publicvoid doGet(HttpServletRequest request, HttpServletResponse response)
13 throws ServletException, IOException {
14     ServletContext context= this.getServletContext();
15     String data= (String) context.getAttribute("data");//从 ServletContext 对
象中取出数据
16     response.getWriter().print("data= "+ data);
17   }
18
19 publicvoid doPost(HttpServletRequest request, HttpServletResponse response)
20 throws ServletException, IOException {
21     doGet(request, response);
22   }
23 }
```

先运行 ServletContextDemo1,将数据 data 存储到 ServletContext 对象中,然后运行
ServletContextDemo2 就可以从 ServletContext 对象中取出数据了,这样就实现了数据共享。

2）获取 Web 应用的初始化参数

在 web.xml 文件中使用＜context-param＞标签配置 Web 应用的初始化参数，代码如下：

```
1 <? xml version="1.0" encoding="UTF-8"?>
2 < web-app version="3.0" xmlns="http:// java.sun.com/xml/ns/javaee" xmlns:xsi="http:
// www.w3.org/2001/XMLSchema-instance" xsi:schemaLocation= "http:// java.sun.com/xml/
ns/javaee
3     http:// java.sun.com/xml/ns/javaee/web-app_3_0.xsd">
4 <display-name></display-name>
5 <!--配置 Web 应用的初始化参数-->
6 <context-param>
7 <param-name>url</param-name>
8 <param-value>jdbc:mysql:// localhost:3306/test</param-value>
9 </context-param>
10
11 <welcome-file-list>
12 <welcome-file>index.jsp</welcome-file>
13 </welcome-file-list>
14 </web-app>
```

获取 Web 应用的初始化参数，代码如下：

```
1 package gacl.servlet.study;
2
3 import java.io.IOException;
4 import javax.servlet.ServletContext;
5 import javax.servlet.ServletException;
6 import javax.servlet.http.HttpServlet;
7 import javax.servlet.http.HttpServletRequest;
8 import javax.servlet.http.HttpServletResponse;
9
10
11 publicclass ServletContextDemo3 extends HttpServlet {
12
13 publicvoid doGet(HttpServletRequest request, HttpServletResponse response)
14 throws ServletException, IOException {
15
16         ServletContext context= this.getServletContext();
17 // 获取整个 Web 站点的初始化参数
18         String contextInitParam= context.getInitParameter("url");
19         response.getWriter().print(contextInitParam);
20     }
21
22 publicvoid doPost(HttpServletRequest request, HttpServletResponse response)
```

```
23 throws ServletException, IOException {
24         doGet(request, response);
25     }
26
27 }
```

3）用 ServletContext 实现请求转发

范例：ServletContextDemo4

```
1 package gacl.servlet.study;
2
3 import java.io.IOException;
4 import java.io.PrintWriter;
5 import javax.servlet.RequestDispatcher;
6 import javax.servlet.ServletContext;
7 import javax.servlet.ServletException;
8 import javax.servlet.http.HttpServlet;
9 import javax.servlet.http.HttpServletRequest;
10 import javax.servlet.http.HttpServletResponse;
11
12 publicclass ServletContextDemo4 extends HttpServlet {
13
14 publicvoid doGet(HttpServletRequest request, HttpServletResponse response)
15 throws ServletException, IOException {
16         String data= "< h1> < font color= 'red'> abcdefghjkl< /font> < /h1> ";
17         response.getOutputStream().write(data.getBytes());
18         ServletContext context= this.getServletContext();//获取 ServletContext 对象
19         RequestDispatcher rd = context.getRequestDispatcher ( "/servlet/
ServletContextDemo5");//获取请求转发对象(RequestDispatcher)
20         rd.forward(request, response);//调用 forward 方法实现请求转发
21     }
22
23 publicvoid doPost(HttpServletRequest request, HttpServletResponse response)
24 throws ServletException, IOException {
25     }
26 }
```

范例：ServletContextDemo5

```
1 package gacl.servlet.study;
2
3 import java.io.IOException;
4 import javax.servlet.ServletException;
5 import javax.servlet.http.HttpServlet;
6 import javax.servlet.http.HttpServletRequest;
7 import javax.servlet.http.HttpServletResponse;
8
```

```
9 publicclass ServletContextDemo5 extends HttpServlet {
10
11 publicvoid doGet(HttpServletRequest request, HttpServletResponse response)
12 throws ServletException, IOException {
13          response.getOutputStream().write("servletDemo5".getBytes());
14     }
15
16 publicvoid doPost(HttpServletRequest request, HttpServletResponse response)
17 throws ServletException, IOException {
18 this.doGet(request, response);
19     }
20
21 }
```

访问的是 ServletContextDemo4，浏览器显示的却是 ServletContextDemo5 的内容，这就是使用 ServletContext 实现了请求转发。

4）利用 ServletContext 对象读取资源文件

范例：使用 ServletContext 对象读取资源文件

```
1 package gacl.servlet.study;
2
3 import java.io.FileInputStream;
4 import java.io.FileNotFoundException;
5 import java.io.IOException;
6 import java.io.InputStream;
7 import java.text.MessageFormat;
8 import java.util.Properties;
9 import javax.servlet.ServletException;
10 import javax.servlet.http.HttpServlet;
11 import javax.servlet.http.HttpServletRequest;
12 import javax.servlet.http.HttpServletResponse;
13
14 /**
15 *使用 servletContext 读取资源文件
16 *
17 *@author gacl
18 *
19 */
20 publicclass ServletContextDemo6 extends HttpServlet {
21
22 publicvoid doGet(HttpServletRequest request, HttpServletResponse response)
23 throws ServletException, IOException {
24 /**
```

```
25          * response.setContentType("text/html;charset=UTF-8");目的是控制浏览器用
UTF-8 进行解码;
26          * 这样就不会出现中文乱码了
27 */
28          response.setHeader("content-type","text/html;charset=UTF-8");
29          readSrcDirPropCfgFile(response);//读取 src 目录下的 properties 配置文件
30          response.getWriter().println("<hr/>");
31          readWebRootDirPropCfgFile(response);//读取 WebRoot 目录下的 properties 配置文件
32          response.getWriter().println("<hr/>");
33           readPropCfgFile(response);// 读取 src 目录下的 db.config 包中的 db3.
properties 配置文件
34          response.getWriter().println("< hr/> ");
35           readPropCfgFile2(response);//读取 src 目录下的 gacl.servlet.study 包中的
db4.properties 配置文件
36
37      }
38
39 /**
40      * 读取 src 目录下的 gacl.servlet.study 包中的 db4.properties 配置文件
41      *@param response
42      *@throws IOException
43 */
44 privatevoid readPropCfgFile2(HttpServletResponse response)
45 throws IOException {
46          InputStream in=this.getServletContext().getResourceAsStream("/WEB-INF/
classes/gacl/servlet/study/db4.properties");
47          Properties prop= new Properties();
48          prop.load(in);
49          String driver=prop.getProperty("driver");
50          String url=prop.getProperty("url");
51          String username= prop.getProperty("username");
52          String password= prop.getProperty("password");
53          response.getWriter().println("读取 src 目录下的 gacl.servlet.study 包中的
db4.properties 配置文件:");
54          response.getWriter().println(
55                  MessageFormat.format(
56                          "driver= {0},url= {1},username= {2},password= {3}",
57                          driver,url, username, password));
58      }
59
60 /**
61      * 读取 src 目录下的 db.config 包中的 db3.properties 配置文件
62      *@param response
```

```
63      *@throws FileNotFoundException
64      *@throws IOException
65 */
66 privatevoid readPropCfgFile(HttpServletResponse response)
67 throws FileNotFoundException, IOException {
68 //通过 ServletContext 获取 Web 资源的绝对路径
69       String path=this.getServletContext().getRealPath("/WEB-INF/classes/db/
config/db3.properties");
70      InputStream in=new FileInputStream(path);
71      Properties prop=new Properties();
72      prop.load(in);
73      String driver=prop.getProperty("driver");
74      String url=prop.getProperty("url");
75      String username=prop.getProperty("username");
76      String password=prop.getProperty("password");
77       response.getWriter().println("读取 src 目录下的 db.config 包中的 db3.
properties 配置文件:");
78      response.getWriter().println(
79              MessageFormat.format(
80                     "driver= {0},url= {1},username= {2},password= {3}",
81                     driver,url, username, password));
82    }
83
84 /**
85    * 通过 ServletContext 对象读取 WebRoot 目录下的 properties 配置文件
86    *@param response
87    *@throws IOException
88 */
89 privatevoid readWebRootDirPropCfgFile(HttpServletResponse response)
90 throws IOException {
91 /**
92       * 通过 ServletContext 对象读取 WebRoot 目录下的 properties 配置文件
93       * "/"代表的是项目根目录
94 */
95       InputStream in = this.getServletContext().getResourceAsStream ("/db2.
properties");
96      Properties prop=new Properties();
97      prop.load(in);
98      String driver=prop.getProperty("driver");
99      String url=prop.getProperty("url");
100      String username=prop.getProperty("username");
101      String password=prop.getProperty("password");
```

```
102          response.getWriter().println("读取 WebRoot 目录下的 db2.properties 配置
文件:");
103       response.getWriter().print(
104            MessageFormat.format(
105                 "driver={0},url={1},username={2},password={3}",
106                 driver,url, username, password));
107    }
108
109 /**
110    * 通过 ServletContext 对象读取 src 目录下的 properties 配置文件
111    *@param response
112    *@throws IOException
113 */
114  privatevoid  readSrcDirPropCfgFile ( HttpServletResponse  response )  throws
IOException {
115 /**
116       * 通过 ServletContext 对象读取 src 目录下的 db1.properties 配置文件
117 */
118       InputStream in=this.getServletContext().getResourceAsStream("/WEB-INF/
classes/db1.properties");
119       Properties prop=new Properties();
120       prop.load(in);
121       String driver=prop.getProperty("driver");
122       String url=prop.getProperty("url");
123       String username=prop.getProperty("username");
124       String password=prop.getProperty("password");
125        response.getWriter().println("读取 src 目录下的 db1.properties 配置
文件:");
126       response.getWriter().println(
127            MessageFormat.format(
128                 "driver={0},url={1},username={2},password={3}",
129                 driver,url, username, password));
130    }
131
132 publicvoid doPost(HttpServletRequest request, HttpServletResponse response)
133 throws ServletException, IOException {
134 this.doGet(request, response);
135    }
136
137 }
```

范例:使用类装载器读取资源文件

```
1 package gacl.servlet.study;
2
```

```
3 import java.io.FileOutputStream;

4 import java.io.IOException;

5 import java.io.InputStream;

6 import java.io.OutputStream;

7 import java.text.MessageFormat;

8 import java.util.Properties;

9

10 import javax.servlet.ServletException;

11 import javax.servlet.http.HttpServlet;

12 import javax.servlet.http.HttpServletRequest;

13 import javax.servlet.http.HttpServletResponse;

14

15 /**

16 *用类装载器读取资源文件

17 *通过类装载器读取资源文件的注意事项:不适合装载大文件,否则会导致 jvm 内存溢出

18 *@author gacl

19 *

20 */

21 publicclass ServletContextDemo7 extends HttpServlet {

22

23 publicvoid doGet(HttpServletRequest request, HttpServletResponse response)

24 throws ServletException, IOException {

25 /**

26          * response.setContentType("text/html;charset= UTF-8");目的是控制浏览器用
UTF-8 进行解码;

27          * 这样就不会出现中文乱码了

28 */

29          response.setHeader("content-type","text/html;charset= UTF-8");

30          test1(response);

31          response.getWriter().println("<hr/>");

32          test2(response);

33          response.getWriter().println("<hr/>");

34 // test3();

35          test4();

36

37     }

38

39 /**

40     *读取类路径下的资源文件

41     *@param response

42     *@throws IOException

43 */

44 privatevoid test1(HttpServletResponse response) throws IOException {
```

```
45 // 获取到装载当前类的类装载器
46          ClassLoader loader=ServletContextDemo7.class.getClassLoader();
47 // 用类装载器读取 src 目录下的 db1.properties 配置文件
48          InputStream in=loader.getResourceAsStream("db1.properties");
49          Properties prop=new Properties();
50          prop.load(in);
51          String driver=prop.getProperty("driver");
52          String url=prop.getProperty("url");
53          String username=prop.getProperty("username");
54          String password=prop.getProperty("password");
55          response.getWriter().println("用类装载器读取 src 目录下的 db1.properties 配置
文件:");
56          response.getWriter().println(
57                  MessageFormat.format(
58                          "driver={0},url={1},username={2},password={3}",
59                          driver,url, username, password));
60      }
61
62 /**
63      * 读取类路径下面、包下面的资源文件
64      *@param response
65      *@throws IOException
66 */
67 privatevoid test2(HttpServletResponse response) throws IOException {
68 // 获取到装载当前类的类装载器
69          ClassLoader loader=ServletContextDemo7.class.getClassLoader();
70 // 用类装载器读取 src 目录下的 gacl.servlet.study 包中的 db4.properties 配置文件
71           InputStream in = loader. getResourceAsStream ( " gacl/servlet/study/db4.
properties");
72          Properties prop=new Properties();
73          prop.load(in);
74          String driver=prop.getProperty("driver");
75          String url=prop.getProperty("url");
76          String username=prop.getProperty("username");
77          String password=prop.getProperty("password");
78          response.getWriter().println("用类装载器读取 src 目录下的 gacl.servlet.
study 包中的 db4.properties 配置文件:");
79          response.getWriter().println(
80                  MessageFormat.format(
81                          "driver={0},url={1},username={2},password={3}",
82                          driver,url, username, password));
83      }
84
```

```
85 /**
86      * 通过类装载器读取资源文件的注意事项:不适合装载大文件,否则会导致 jvm 内存溢出
87 */
88 publicvoid test3() {
89 /**
90      * 01.avi 是一个大于 150 M 的文件,使用类加载器去读取这个大文件时会导致内存溢出:
91      * java.lang.OutOfMemoryError: Java heap space
92 */
93          InputStream  in = ServletContextDemo7. class. getClassLoader ( ).
getResourceAsStream("01.avi");
94          System.out.println(in);
95      }
96
97 /**
98      * 读取 01.avi,并拷贝到 e:\根目录下
99      * 01.avi 文件太大,只能用 ServletContext 去读取
100     *@throws IOException
101 */
102 publicvoid test4() throws IOException {
103 // path=G:\Java 学习视频\JavaWeb 学习视频\JavaWeb\day05 视频\01.avi
104 // path=01.avi
105         String path=this.getServletContext().getRealPath("/WEB-INF/classes/01.
avi");
106 /**
107         * path.lastIndexOf("\\")+1 是一个非常绝妙的写法
108 */
109         String filename=path.substring(path.lastIndexOf("\\")+ 1);//获取文件名
110         InputStream in=this.getServletContext().getResourceAsStream("/WEB-INF/
classes/01.avi");
111 byte buffer[]=newbyte[1024];
112 int len=0;
113         OutputStream out=new FileOutputStream("e:\\"+filename);
114 while ((len=in.read(buffer))>0) {
115             out.write(buffer, 0, len);
116         }
117         out.close();
118         in.close();
119     }
120
121 publicvoid doPost(HttpServletRequest request, HttpServletResponse response)
122 throws ServletException, IOException {
123
124 this.doGet(request, response);
```

```
125        }
126
127 }
```

4. 在客户端缓存 Servlet 的输出

对于不经常变化的数据,在 Servlet 中可以为其设置合理的缓存时间值,以避免浏览器频繁向服务器发送请求,提升服务器的性能。例如:

```
1 package gacl.servlet.study;
2
3 import java.io.IOException;
4
5 import javax.servlet.ServletException;
6 import javax.servlet.http.HttpServlet;
7 import javax.servlet.http.HttpServletRequest;
8 import javax.servlet.http.HttpServletResponse;
9
10 publicclass ServletDemo5 extends HttpServlet {
11
12 publicvoid doGet(HttpServletRequest request, HttpServletResponse response)
13 throws ServletException, IOException {
14        String data="abcddfwerwesfasfsadf";
15 /**
16        *设置数据合理的缓存时间值,以避免浏览器频繁向服务器发送请求,提升服务器的
性能
17        *这里是将数据的缓存时间设置为 1 天
18 */
19 response.setDateHeader("expires",System.currentTimeMillis()+24* 3600* 1000);
20        response.getOutputStream().write(data.getBytes());
21    }
22
23 publicvoid doPost(HttpServletRequest request, HttpServletResponse response)
24 throws ServletException, IOException {
25
26 this.doGet(request, response);
27    }
28
29 }
```

 思考练习

简述 Servlet 常用的类与接口。

拓展任务

编写过滤器,实现编码过滤。

任务评价卡

任务编号	09-02		任务名称	调用 Servlet		
任务完成方式	□小组协作　□个人独立完成					
项目	等级指标			自评	互评	师评
资料搜集	A. 能通过多种渠道搜集资料掌握技术应用、特性。 B. 能搜集部分资料,了解技术应用、特性。 C. 搜集渠道单一,资料较少,对技术应用、特性不熟悉					
操作实践	A. 有很强的动手操作能力,实践方法取得显著成效。 B. 有较强的动手操作能力,实践方法取得较好成效。 C. 掌握基本动手操作能力,实践方法有一定成效					
成果展示	A. 成果内容丰富,形式多样,且很有条理,能很好地解决问题。 B. 成果内容较多,形式较简单,比较有条理,能解决问题。 C. 成果内容较少,形式单一,条理性不强,能基本解决问题					
过程体验	A. 熟练完成任务,理解并掌握本任务相关知识技能。 B. 能完成任务,掌握本任务相关知识技能。 C. 完成部分任务,了解本任务相关知识技能					
合计	其中 A 为 86~100 分,B 为 71~85 分,C 为 0~70 分。A 为优秀,B 为良好,C 为尚需加强操作练习					
任务完成情况	1. Servlet 的映射配置(优秀、良好、合格)。 2. 运行测试(优秀、良好、合格)					
存在的主要问题: